职业院校机电设备安装与维修专业规划教材

液压气动系统安装与检修

主　编　李德信
副主编　张利锴　杨美玉
参　编　秦士宝　牛承文　侯凤英
　　　　潘相宇　于淑华
主　审　辛　玉

机 械 工 业 出 版 社

本书采用任务驱动模式，根据企业生产实际设置了 14 个学习任务。对于每一个学习任务均按照明确工作任务、学习相关知识、制订工作计划、任务实施、总结与评价五个环节进行了系统讲解，让学生能够围绕引导问题主动思考，多动脑，多动手，实现理论与实践的零对接。本书主要内容包括：液压千斤顶的检修、齿轮泵的安装与检修、单体液压支柱的安装与检修、平面磨床工作台换向控制回路的安装与检修、数控车床工件夹紧回路的安装与检修、平面磨床工作台调速回路的安装与检修、矿井液压钻机液压泵站的安装与检修、四柱万能液压机液压系统的分析、活塞式空压机的安装与检修、气动冲床的检修、气动磨机的检修、自动重量检测机气路的检修、喷砂机气路的检修、流体灌装机气路的检修。

本书可作为技工学校、技师学院、职业院校机电设备安装与维修专业高技能型人才培养的教学用书，也可供相关人员参考和使用。

图书在版编目（CIP）数据

液压气动系统安装与检修/李德信主编. —北京：机械工业出版社，2015.2（2023.8 重印）

职业院校机电设备安装与维修专业规划教材

ISBN 978-7-111-46803-5

Ⅰ. ①液… Ⅱ. ①李… Ⅲ. ①液压装置-安装-高等职业教育-教材②液压装置-检修-高等职业教育-教材③气动设备-安装-高等职业教育-教材④气动设备-检修-高等职业教育-教材 Ⅳ. ①TH137②TH138.5

中国版本图书馆 CIP 数据核字（2015）第 028823 号

机械工业出版社（北京市百万庄大街 22 号 邮政编码 100037）
策划编辑：陈玉芝 责任编辑：陈玉芝 王振国
版式设计：赵颖喆 责任校对：陈延翔
封面设计：张 静 责任印制：李 昂
北京捷迅佳彩印刷有限公司印刷
2023 年 8 月第 1 版第 2 次印刷
184mm×260mm·14 印张·345 千字
标准书号：ISBN 978-7-111-46803-5
定价：39.80 元

电话服务　　　　　　　　　　　网络服务
客服电话：010-88361066　　机 工 官 网：www.cmpbook.com
　　　　　010-88379833　　机 工 官 博：weibo.com/cmp1952
　　　　　010-68326294　　金 书 网：www.golden-book.com
封底无防伪标均为盗版　机工教育服务网：www.cmpedu.com

编审委员会

前　言

按照国家职业教育改革精神，本教材在编写过程中突破了以往教材的编写结构，以工作任务为载体，以工作任务为导向，采用项目的教学方法，着力提升学生的综合素质，但又兼顾教材的严谨性和知识体系的完整性。

本书将液压与气动控制系统安装与检修所涉及的知识和技能加以认真梳理，使其融入到各个工作任务中，通过完成工作任务，学习相关知识，练习各项技能，实现学生能力的培养。书中通过问题引导学生主动思考，自主学习，通过任务实施练习技能，实现教学实践与岗位工作的零对接。全书内容丰富，深入浅出，结构严谨、清晰，突出了教学的可操作性。具体创新点如下：

1. 在内容编排上以任务为载体编写，教材中将每个任务按照完成任务的过程分解为多个教学活动，在每一个教学活动中赋予相应的知识和技能，通过完成工作任务，展开相关知识的学习与技能训练，逐渐培养学生的职业能力，还切合实际地增设了知识拓展模拟。在每一个教学活动中设立学习与评价、课后思考等环节。

2. 引导问题一是由浅到深逐渐提出，让学生能积极去思考问题、分析问题和解决问题。在降低学习难度的同时，提高学生的学习兴趣；二是覆盖面广，通过问题引导学习，使学生掌握相关知识，指导完成任务。

3. 体现以技能训练为主线、相关知识为支撑的编写思路，这样不仅较好地处理了理论教学与技能训练的关系，还有利于帮助学生学会知识、掌握技能、提高能力。

4. 突出教材的先进性，较多地编入新技术、新设备、新材料、新工艺的内容，缩短学校教育与企业需要的距离。

本教材设置了 14 个典型学习任务：液压千斤顶的检修、齿轮泵的安装与检修、单体液压支柱的安装与检修、平面磨床工作台换向控制回路的安装与检修、数控车床工件夹紧回路的安装与检修、平面磨床工作台调速回路的安装与检修、矿井液压钻机液压泵站的安装与检修、四柱万能液压机液压系统的分析、活塞式空压机的安装与检修、气动冲床的检修、气动磨机的检修、自动重量检测机气路的检修、喷砂机气路的检修、流体灌装机气路的检修。

本书的编写得到了学院领导、系领导及企业专家、教师的大力支持，在此，我们表示衷心的感谢！

由于编者水平有限，书中难免有不足之处，恳请读者批评指正，并对本书提出宝贵的意见和建议！

编者

目 录

液压千斤顶的检修

 学习目标：

1. 能正确使用液压千斤顶。
2. 能读懂液压千斤顶的液压系统图。
3. 能掌握液压千斤顶的结构、组成及工作原理。
4. 能按工艺要求拆卸和安装液压千斤顶。
5. 能排除液压千斤顶常见的故障。

 工作情景描述：

　　液压千斤顶又称为油压千斤顶，是一种采用柱塞或液压缸作为刚性顶举件的千斤顶。液压千斤顶用以起升重物，构造简单、重量轻、便于携带，移动方便，一般只用于机械维修工作。

学习活动 1　明确工作任务

　　某汽车维修公司有一台液压千斤顶在使用过程中发现额定支撑力达不到要求，请求给予修理，希望能尽快完成此项工作任务，保证车间正常生产。

　　按照机械生产企业规定，从生产主管处领取生产任务单（见表1-1）并确认签字。

表1-1　　　　公司维修工作任务联系单

报修部门		报修时间		年　月　日　时
设备名称		设备型号/编号		
报修人		联系电话		
故障现象				
故障排除记录				
解决办法				
维修时间		计划工时		
维修人		日期		年　月　日　时

学习活动2　学习相关知识

◆ 引导问题

1. 液压千斤顶是怎样工作的？
2. 当液压千斤顶杠杆手柄向上提时，为什么会从油箱中吸油？
3. 说出液压系统由哪五部分组成及各部分的作用是什么？
4. 液压传动的工作原理是什么？
5. 液压系统中的主要参数有哪些？
6. 在液压传动的执行部分中，是不是压力越大，活塞的运动速度越快？
7. 液压传动的压力大小是由什么来决定的？

◆ 咨询资料

一、液压千斤顶的工作原理（见图1-1）

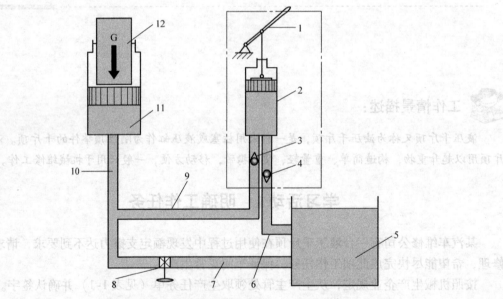

图1-1　液压千斤顶的工作原理

1—杠杆手柄　2—泵体（油腔）　3—排油单向阀　4—吸油单向阀
5—油箱　6、7、9、10—油管　8—放油阀　11—液压缸（油腔）　12—重物

1. 泵吸油过程

当用手提起杠杆手柄1时，小活塞就被带动上行，泵体2中的密封工作容积便增大。这时，由于排油单向阀3和放油阀8分别关闭了它们各自所在的油路，所以在泵体2中的工作容积增大形成了部分真空。在大气压的作用下，油箱中的油液经油管打开吸油单向阀4流入泵体2中，完成一次吸油动作，如图1-2所示。

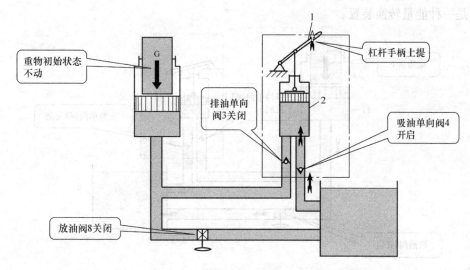

图 1-2 液压千斤顶的吸油示意图

2. 泵压油和重物举升过程

当压下杠杆手柄 1 时，带动小活塞下移，泵体 2 中的小油腔工作容积减小，便把其中的油液挤出，推开排油单向阀 3（此时吸油单向阀 4 自动关闭了通往油箱的油路），油液便经油管进入液压缸（油腔）11，由于液压缸（油腔）11 也是一个密封的工作容积，所以进入的油液因受挤压而产生的作用力就会推动大活塞上升，并将重物顶起做功，如图 1-3 所示。反复提、压杠杆手柄，就可以使重物不断上升，达到起重的目的。

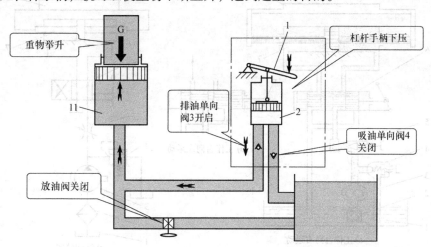

图 1-3 液压千斤顶的压油示意图

3. 重物落下过程

需要大活塞向下返回时，将放油阀 8 开启（旋转 90°），则在重物自重的作用下，液压缸（油腔）11 中的油液流回油箱 5，大活塞就下降到原位，如图 1-4 所示。

通过液压千斤顶的工作过程，我们可以总结出液压传动的工作原理是：以油液作为工作介质，通过密封容积的变化来传递运动，通过油液的内部的压力来传递动力。液压传动装置实质上是一种能量转换装置。

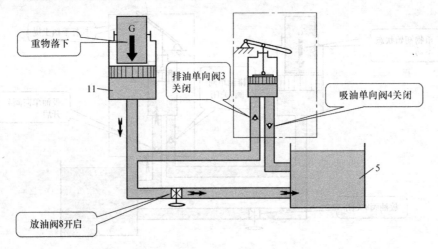

图1-4　液压千斤顶的排油示意图

二、液压传动系统的组成

图1-5所示为机床工作台的液压传动系统，通过它可以了解液压传动系统的组成情况，以及一般液压传动系统应具备的基本性能。

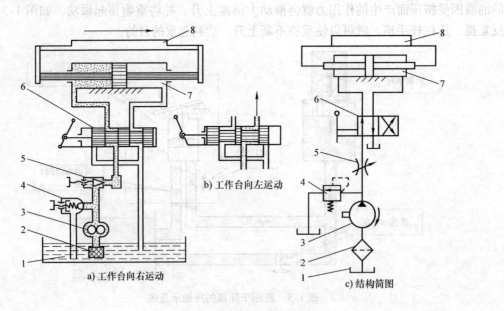

图1-5　机床工作台的液压传动系统

1—油箱　2—过滤器　3—液压泵　4—溢流阀　5—节流阀　6—换向阀　7—液压缸　8—工作台

在图1-5a中，液压泵3由电动机带动旋转，油液经过滤器2后被吸入液压泵，经泵的出油口向系统输油，具有压力的油液经节流阀5和换向阀6进入液压缸7的左腔，推动活塞连同活塞杆带动工作台向右运动，此时，液压缸的右腔油液经换向阀通过油管流向油箱。如果将换向阀手柄扳到左边位置，如图 1-5b 所示的状态，则液压油经换向阀进入液缸的右腔，推动工作台向左运动，液压缸左腔的油液经换向阀通过油管流回油箱。工作台移动的速度可以通过节流阀 5 的开口大小来调节。转动溢流阀 4 的调节螺钉，可调节弹簧的预紧力。弹簧的预紧力越大，密封系统中的油压就越高，工作台移动时，能克服的最大负载就越大；弹簧的预紧力越小，其能得到的最大工作压力就越小，能克服的最大负载也越小。另外，在一般情况下，液压泵输出的油量多于液压缸所需的油量，多余的油必须通过溢流阀 4 及时地排回油箱。所以，溢流阀 4 在该液压系统中起调压、溢流作用。这就是液压传动的工作过程。

一个正常工作的液压传动系统由下面五部分组成：

1. 动力元件

动力元件是液压泵，它将原动机（电动机）输入的机械能转换成液体的压力能，为液压传动系统提供具有一定压力的液压油，是系统的动力源。

2. 执行元件

执行元件是指液压缸或液压马达，是将油液具有的压力能转换成机械能的装置。在液压油的推动下，输出力或转矩，使工作部件具有一定的速度和转速，完成预定的工作。

3. 控制元件

控制元件包括各类阀，这些阀控制液压系统中油液的压力、油流的方向和油液的流量，以保证执行元件按预定的要求工作。

4. 辅助元件

辅助元件包括油管、油箱、过滤器及各种指示器、仪表等，它们起连接、储油、过滤和测量油液压力等辅助作用。

5. 工作介质

工作介质是指系统中的传动液体（通常为矿物油），称为液压油，液压传动系统就是通过工作介质来传递动力和信号的。

三、液压传动的工作特点及应用

1. 液压传动系统的主要优点

液压传动与机械传动、电气传动相比其主要优点如下：

1）由于液压传动是油管连接，所以借助油管的连接可以方便灵活地布置传动机构，这是比机械传动优越的地方。例如，在井下抽取石油的泵可采用液压传动来驱动，以克服长驱动轴效率低的缺点。由于液压缸的推力很大，又很容易布置，在挖掘机等重型工程机械上，已基本取代了老式的机械传动，不仅操作方便，而且外形美观大方。

2）液压传动装置的重量轻、结构紧凑、惯性小。例如，相同功率液压马达的体积为电动机的 12% ~13%。液压泵和液压马达单位功率的重量指标，目前是发电机和电动机的 1/10，液压泵和液压马达可小至 0.0025N/W（牛/瓦），发电机和电动机则约为 0.03N/W。

3）可在大范围内实现无级调速。借助阀或变量泵、变量马达，可以实现无级调速，调速范围可达 1:2000，并可在液压装置运行的过程中进行调速。

4）传递运动均匀平稳，负载变化时速度较稳定。正因为此特点，金属切削机床中的磨床传动现在几乎都采用液压传动。

5）液压装置易于实现过载保护——借助于设置溢流阀等，同时液压件能自行润滑，因此使用寿命长。

6）液压传动容易实现自动化——借助于各种控制阀，特别是采用液压控制和电气控制结合使用时，能很容易地实现复杂的自动工作循环，而且可以实现遥控。

7）液压元件已实现了标准化、系列化和通用化，便于设计、制造和推广使用。

液压传动的优点可以概括为：

功率大来重量轻，大力大矩显威风。

运动平稳响应快，无级调速显神通。

操纵简单自动化，过载保护它更行。

元件标准系列化，散热润滑也出名。

2. 液压传动系统的主要缺点

1）液压系统中的漏油等因素，影响运动的平稳性和正确性，使得液压传动不能保证严格的传动比。

2）液压传动对油温的变化比较敏感，温度变化时，液体黏性变化，引起运动特性的变化，使得工作的稳定性受到影响，所以它不宜在温度变化很大的环境条件下工作。

3）为了减少泄漏，以及为了满足某些性能上的要求，液压元件的配合件制造精度要求较高，加工工艺较复杂。

4）液压传动要求有单独的能源，不像电源那样使用方便。

5）液压系统发生故障不易检查和排除。

液压传动的缺点可以概括为：

难保严格传动比，液压不宜远距离。

元件精度要求高，温度影响需注意。

信号传递不如电，液压介质很娇气。

总的效率比较低，找到故障较费力。

总之，液压传动的优点是主要的，随着设计制造和使用水平的不断提高，有些缺点正在逐步加以克服。液压传动有着广泛的发展前景。

四、液压千斤顶的使用、保养及安全注意事项

1. 使用

1）用手柄的开槽端，顺时针方向将回油阀旋紧。

2）估算起重量，确定起重物的重心，选择着力点，正确放置于起升部位下方。如需要，将千斤顶的调整螺杆逆时针旋转，直到其接触起升物。

3）千斤顶手柄插入手柄套管中，上下揿动手柄，活塞杆应平稳上升，起升重物至理想高度。

4）卸下手柄，缓慢地逆时针方向转动手柄，放松回油阀。

5）如有载荷时，手柄转动不能太快，且回油阀松开一圈为宜。

2. 保养

1）将千斤顶置于竖直状态，泵芯、活塞降到低点。

2）取下外套上的橡胶油塞，注入经过滤的液压油至油塞口为止。

3）在 5~45℃ 温度范围使用时选用 N15 机械油，如在 -5~20℃，则换用合成锭子油。

4）定期检查，润滑传动连接处，若不使用时，活塞杆调整螺杆及泵芯应压下，以保持清洁，防锈。

5）尽量避免将其置于潮湿环境下或有酸碱及腐蚀性气体的场所。

3. 安全警告

1）在操作该装置以前，应阅读并理解使用说明书中的全部内容。

2）严禁超载操作。

3）只有在硬质支承面上方能使用。

4）只能顶升，不能作支撑工具。

5）不能在仅用千斤顶顶升的物体下工作。

6）不遵守上述安全警告会导致人身伤害或财产损失。

五、静压传递原理

力的作用效果有时不仅与力的大小有关，还与力作用的面积大小有关，我们把垂直作用在某一平面的力叫作压力，压力与其作用面积的比值叫作压强，压强的单位常用是帕（Pa）和兆帕（MPa），1Pa = 1 牛顿/平方米，1MPa = 1000000Pa = 9.8 千克力/平方厘米。

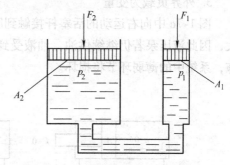

置于密闭容器中液体，其外加压力 F_1 变化引起压强 p_1 发生变化时，只要液体仍然保持原来的静止状态不变，液体中任一点的压强都将发生同样大小的变化。也就是说，在密闭容器内，施加于静止液体上的压强将以等值同时传到液体各点，这就是静压传递原理，俗称帕斯卡定律。

图 1-6 中两液压缸的面积分别为 A_1、A_2，活塞上作用着负载 F_1 和 F_2，由于两缸相连通，构成了一个密闭的容器，按照帕斯卡定律，忽略液体

图 1-6　帕斯卡定律应用实例

自重产生的影响，密闭容器内液体各点的压强相同，即 $p_1 = p_2$，而 $p_1 = F_1/A_1$，$p_2 = F_2/A_2$，故有

$$\frac{F_1}{A_1} = \frac{F_2}{A_2} 即 F_2 = \frac{A_2}{A_1} F_1$$

即用小的主动力 F_1，可以举起大的负载 F_2。液压千斤顶就是利用这一原理进行起重工作的。如果 F_2 取消，即 $F_2 = 0$，活塞的重量也忽略不计，则不论怎样推活塞 1 也不能在密闭的液体中形成压力，这说明了液压系统中的压力是由外界负载决定，并随负载的变化而变化，这是液压传动中的一个基本概念。

六、液压系统的压力

密闭容器内静止油液受到外力挤压而产生压力（静压力），对于用油泵连续供油的液压传动系统，流动油液在某处的压力也是因受到各种负载（工作阻力、摩擦力、弹簧力等）的挤压而产生的。除静压力外，油液流动还有动压力，但在一般的液压传动系统中，油液的动压力很小，可以忽略不计。因此，液压传动系统中流动油液的压力主要考虑静压力，如图 1-7 所示，讨论液压系统中压力的形成。

1. 外界负载为 0

如图 1-7a 中，假定负载阻力为零（不考虑油的自重、活塞的质量和摩擦力等因素），由液压泵输入油缸左腔的油液不受任何阻挡就能推动活塞向右运动，此时，油液的压力为零。活塞的运动是由于液压缸左腔内油液体积的增大而引起的。

2. 外界负载为恒定值 F

如图 1-7b 中，输入液压缸左腔的油液由于受到外界负载 F 的阻挡，不能立即推动活塞向右运动，而液压泵又在连续不断地供油，使液压缸左腔中的油液受到挤压，油液的压力从零开始由小到大迅速升高，活塞有效作用面积 A 上承受的油液作用力 （pA） 在迅速增大。当油液作用力大到足以克服外界负载 F 时，液压泵输出的油液迫使液压缸左腔密封容积增大，从而推动活塞向右运动。在一般情况下，活塞匀速运动，作用在活塞上的力相互平衡，即压力等于负载阻力 （pA = F）。因此，油液的压强 p = F/A，若活塞在运动过程中，负载 F 保持不变，则油液不会再受更大的挤压，压力就不会继续上升。这就说明，液压传动系统中油液的压力取决于负载的大小，且随负载大小的变化而变化。这是液压传动中的一条基本原则。

3. 外界负载为变量

图 1-7c 中向右运动的活塞杆接触到固定挡铁后，液压缸左腔的密闭容积不可能继续增大，因此液压泵若仍继续供油，油液受到挤压，其压力会急剧升高。如果液压系统无保护措施，系统中的薄弱环节将损坏。

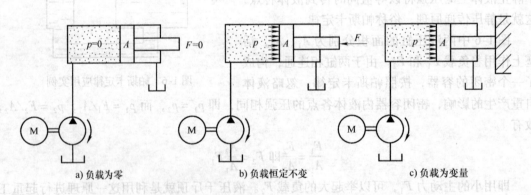

a) 负载为零   b) 负载恒定不变   c) 负载为变量

图 1-7　液压传动系统中的压力的形成

从上面的分析可以看出，液压传动系统的压力是受到各种外界负载的挤压而形成的，压力的大小取决于负载，并随负载变化而变化。当有几个负载并联时，系统压力的大小取决于负载中的最小者。液压系统中的压力在建立过程中是从无到有，从小到大迅速进行的。所以它也是液压系统的主要参数之一。

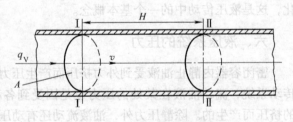

图 1-8　流量与速度的关系

七、液压系统的流量

液压系统在工作时，液压泵输出的油液进入液压缸迫使液压缸和活塞构成的密封容积增大，导致活塞（或液压缸）的运动。其运动速度与流入液压缸的流量有关，以图1-8为例，设在时间 t 内，活塞移动的距离为 H，活塞的有效作用面积为 A，则密封容积变化即需流入的油液体积为 AH，则流量为

$$q = \frac{AH}{t}$$

活塞（或油压缸）的运动速度为：$v = \frac{H}{t} = \frac{qt}{tA} = \frac{q}{A}$

由上式可得出以下结论：

1）活塞（或液压缸）的运动速度等于液压缸内油液的平均流速。

2）活塞（或液压缸）的运动速度与活塞的有效作用面积和流入液压缸中的油液的流量有关，与油液的压力无关。

3）当活塞的有效作用面积一定时，活塞（或液压缸）的运动速度决定于流入液压缸中油液的流量。

因此，在液压传动系统中，执行元件的运动速度决定于进入执行元件的油液流量，改变流量就改变了运动速度。这又是一条基本原则，同时它也是液压系统的主要参数。

◆ **知识拓展**

一、油箱

在液压系统中，油箱（图1-9）的主要作用是储存液压系统工作所需的足够油液，散发系统在工作中产生的热量，将混入油液中的气体逸出，沉淀油液中的杂质和老化后的胶质。

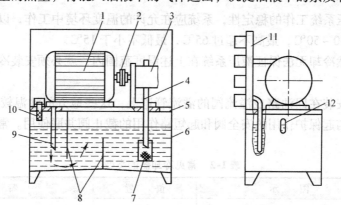

图1-9 油箱

1—电动机 2—联轴器 3—液压泵 4—吸油管 5—盖板 6—油箱体
7—过滤器 8—隔板 9—回油管 10—回油口 11—控制阀连接板 12—液位计

常见分离式油箱的结构如图1-10a所示，系统的回油经回油管1流回油箱，它的出口端在油箱最低液位时也应没入油中，但距箱底的距离应大于管径的2~3倍，回油管的管口截

成45°，且面向与回油管相距最近的箱壁，以利于散热。当系统中元件内部的泄油要单独连接油箱时，便接在泄油管2上，泄油管2的出油口必须在油箱最高液位之上，以免产生背压。吸油管3直接连接油泵进油口，它的端部与过滤器相连，在油箱最低油位时，过滤器也应没入油中，以免油泵吸入空气。安装板5是系统的各类阀、油泵、电动机的安装基础，它放置在油箱的顶板上，隔板6是为了将油箱内的吸油区和回油区分开。

隔板按图1-10b布置时，可获得最长的流程，同时，油箱应与大气相通，以便油泵吸油顺利。油箱体一般用厚度为2.5mm左右的酸洗钢板焊接而成。大型油箱则用角钢焊成框架后再用钢板封住。油箱的形状一般为平行六面体，这种结构表面积最大，便于散热。油箱内壁经表面清洗后，涂以耐油防锈塑料或耐油清漆。

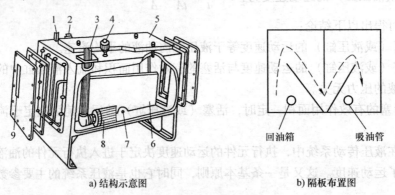

a) 结构示意图　　　　　　　　　　b) 隔板布置图

图1-10　分离式油箱

1—回油管　2—泄油管　3—吸油管　4—空气过滤器　5—安装板
6—隔板　7—放油口　8—过滤器　9—液位计

二、热交换器

为了提高液压系统工作的稳定性，系统应在允许的温度环境中工作，以保持热平衡。最好的温度环境为30~50℃，最高不超过65℃，最低不小于15℃。

如果依靠自然冷却无法保证液压系统在上述温度范围内，就必须安装冷却器和加热器。

1. 冷却器

冷却器一般安装在回油路或溢流阀的溢流管道上，这些地方的油温较高，冷却效果较好。冷却器也常与起保护作用的安全阀和起短路作用的截止阀并联使用。常见冷却器的类型见表1-2。

表1-2　常见冷却器的类型

类　型	图　示	位　置	特　点
蛇形管冷却器	出　进	直接置于油箱中	冷却水在管内流动，带去油液中的热量，但这种冷却器冷却效果差，水的消耗量大

（续）

类 型	图 示	位 置	特 点
对流多管式冷却器		单独制成一体，放在油箱外面	从系统来的热油从进油 b 流入冷却器，将热量传给冷却水后从出油口 c 流出，再回到油箱，冷却水从进水口 d 流入冷却器后，从管壁吸收油液的热量后从 a 处流出
翅片管式冷却器		在冷却水管（圆管或椭圆）的外面套上许多横向的翅片，使散热面积增大 8～10 倍，提高了散热效率	风冷式冷却器比较简单，通常由带散热片的管子组成的油散热器和风扇两部分组成，冷却效果一般，但噪声大，应用不广

2. 加热器

当系统工作温度低于 15℃，必须对液压油进行加热。图 1-11 所示结构简单，能按需要自动调节最高温度和最低温度的电加热器。它用法兰盘横装在油箱壁上，发热部分全部浸在油内。加热器应位于油箱内油液流动的最强烈处，以利于热交换，由于油液本身是热的不良导体，单个加热器的功率不能太大，以免加热器周围油液过度受热而发生质变。

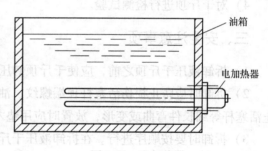

图 1-11   电加热器

确有需要，可在油箱不同位置多安装几个小功率加热器，使油箱中的油液均匀受热。

学习活动 3   制订工作计划

1）写出 5t 液压千斤顶的拆卸、安装与维修的工作步骤。

2）请写出拆装 5t 液压千斤顶使用的工、量具清单，见表 1-3。

表 1-3   所需工量具及用途清单

序号	工量具名称	规格型号	数量	用途

学习活动4 任务实施

一、工作准备

实训设备为 5t 液压千斤顶、洗油、密封圈、工量具、油槽、棉纱及液压油。

二、工作任务

1）对千斤顶进行拆卸。

2）对千斤顶进行清洗检查、排除故障。

经排查液压千斤顶的支撑力不够是因为以下几个问题：

① 液压千斤顶的密封问题，如果液压千斤顶密封不好，阀门漏气，压力就上不来。

② 液压千斤顶的单向阀阀芯有时候会划伤，压力也上不来。

③ 如果赶上油特别黏稠，特别是冬季施工时，这时就要将油加热后再使用。

④ 液压油太少也可能导致压力上不来。

⑤ 放油阀关闭不严，系统也可能出现泄漏，达不到支撑压力。

3）对千斤顶进行装配。

4）对千斤顶进行检测试验。

三、安全注意事项

1）拆卸液压千斤顶之前，应使千斤顶卸压。

2）拆卸时应防止损伤活塞杆顶端螺纹、油口螺纹和活塞杆表面、缸套内壁等。为了防止活塞杆等细长件弯曲或变形，放置时应用垫木支承均衡。

3）拆卸时要按顺序进行。在拆卸液压千斤顶的缸盖时，对于内卡键或卡环连接要使用专用工具，禁止使用扁铲；对于法兰式端盖必须用螺钉顶出，不允许用锤敲击或硬撬。在活塞和活塞杆难以抽出时，不可强行打出，应先查明原因再进行拆卸。

4）拆卸前后要设法创造条件防止液压千斤顶的零件被周围的灰尘和杂质污染。

5）液压千斤顶拆卸后要认真检查，以确定哪些零件可以继续使用，哪些零件可以修理后再用，哪些零件必须更换。装配前必须对各零件仔细清洗。

6）安装 O 形密封圈时，不要将其拉到永久变形的程度，也不要边滚动边套装，否则可能因形成扭曲状而漏油。安装 Y 形和 V 形密封圈时，要注意其安装方向，避免因装反而漏油。

7）密封装置如与滑动表面配合，装配时应涂以适量的液压油。

8）按要求装配好后，应在低压情况下进行几次往复运动，以排除缸内气体。

学习活动5 总结与评价

表1-4 综合评价表

评价项目	评价内容	评价标准	评价方式		
			自我评价	小组评价	教师评价
职业素养	安全意识 责任意识	A 作风严谨、自觉遵守纪律、出色完成任务 B 能够遵守规章制度，较好完成工作任务 C 遵守规章制度，没完成工作任务 D 不遵守规章制度，没完成工作任务			
	学习态度	A 积极参与学习活动，全勤 B 缺勤达到任务总学时的10% C 缺勤达到任务总学时的20% D 缺勤达到任务总学时的30%			
	团队合作意识	A 与同学协作融洽，团队合作意识强 B 与同学能沟通，协同工作能力较强 C 与同学能沟通，协同工作能力一般 D 与同学沟通困难，协同工作能力较差			
专业能力	学习活动1 明确工作任务	A 学习活动评价成绩为90~100分 B 学习活动评价成绩为75~89分 C 学习活动评价成绩为60~74分 D 学习活动评价成绩为0~59分			
	学习活动2 相关知识学习	A 学习活动评价成绩为90~100分 B 学习活动评价成绩为75~89分 C 学习活动评价成绩为60~74分 D 学习活动评价成绩为0~59分			
	学习活动3 制订工作计划	A 学习活动评价成绩为90~100分 B 学习活动评价成绩为75~89分 C 学习活动评价成绩为60~74分 D 学习活动评价成绩为0~59分			
	学习活动4 任务实施	A 学习活动评价成绩为90~100分 B 学习活动评价成绩为75~89分 C 学习活动评价成绩为60~74分 D 学习活动评价成绩为0~59分			
创新能力		学习过程中提出具有创新性、可行性的建议	加分		
班级		姓名	综合评价等级		

课后思考

（一）填空题

1. 液压传动是用_____作为工作介质来传递_____和通过油液压力来传递动力的传动方式。

2. 千斤顶在工作过程中，能实现吸油，这是因为_____形成了部分真空。

3. 液压系统中的两个主要参数是_____和_____。

（二）选择题

1. 在千斤顶举升过程中，施加于千斤顶的作用力如果不变，而需举起更重的物体时，可增大（ ）。

A. 大小活塞的面积比　　　　B. 小活塞的面积　　　　C. 大活塞的面积

2. 既无黏性又不可压缩的液体称为（ ）。

A. 理想液体　　　　　　B. 实际流体　　　　　　C. 稳定体

（三）判断题（正确的打"√"错误的打"×"）

（ ）1. 对于一般的液压系统，可不考虑油的压缩性，认为油液是不可压缩的。

（ ）2. 因为温度对油液黏度的影响较大，故环境温度高时，宜选黏度大的液压油；环境温度低时，宜选黏度小些的液压油。

（ ）3. 液压传动装置本质上是一种能量转换装置。

（ ）4. 理想液体在实际中并不存在，是一种假想液体。

（ ）5. 当流量一定时，管子细的地方流速大。当通流截面的面积一定时，流量越大，流速也越大。

（四）看图回答问题

图1-12所示为液压千斤顶的液压系统，其动力部分是_____，执行部分是_____，控制部分是_____，辅助部分是_____。

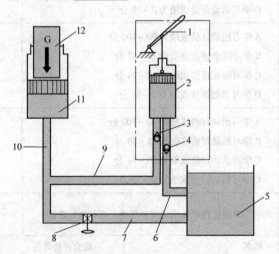

图1-12　液压千斤顶的工作原理

学习任务二

齿轮泵的安装与检修

 学习目标：

1. 能够认识与绘制液压泵的图形符号。
2. 能够掌握齿轮泵的结构及工作原理。
3. 能正确选用拆装齿轮泵所使用的工量具。
4. 能够正确的拆卸与安装齿轮泵。
5. 能对齿轮泵常出现的故障进行分析及处理。

 工作情景描述：

在液压传动系统中，液压泵是液压传动系统的动力元件，是液压传动系统的重要组成部分，其作用是向液压系统提供液压油，广泛应用在各种液压系统中。齿轮泵是低压泵，可作为润滑系统油泵和液压系统油泵，除齿轮泵外，常见的还有柱塞泵和叶片泵。齿轮泵的性能直接影响设备的好坏，所以齿轮泵的维修、维护也尤为重要。

学习活动1　明确工作任务

如图2-1所示为某工厂的折弯机，它是利用液压传动来驱动的。该设备向液压系统提供动力源的是齿轮泵。现在，该齿轮泵在工作时却不上油，请求帮助并加以检修。

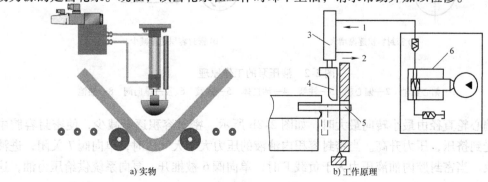

a) 实物　　　　　　　　　　　　　b) 工作原理

图2-1　折弯机

1—进油口　2—出油口　3—液压缸　4—压头　5—薄板工件　6—液压泵

学习活动2　学习相关知识

◆ 引导问题

1. 简述液压泵在液压传动系统中的作用。
2. 液压泵的种类有哪些？
3. 液压泵完成吸油和压油的四个工作条件是什么？
4. 齿轮泵的工作原理是什么？
5. 齿轮泵为什么会产生困油现象？困油的后果是什么？说明消除困油的方法？
6. 齿轮泵的径向作用力不平衡是如何产生的？
7. 看图说出齿轮泵易出现哪三方面的泄漏？
8. CBF—E16P 齿轮泵主要有哪些零部件组成？

◆ 咨询资料

一、液压泵的工作原理

液压泵俗称油泵，是液压传动系统中的动力元件。它是将电动机的机械能转换为油液压力能的一种能量转换装置。

如图 2-2 所示为液压泵的工作原理。当偏心轮的直径由最大转向最小时，如图 2-2a 所示，密封空间的容积变大，形成真空，单向阀 7 被大气压力推开。油箱中的油在大气压的作用下经管道进入容积增大的空间，这一过程称为吸油，而单向阀 6 则在大气压力或负载压力作用下关闭。

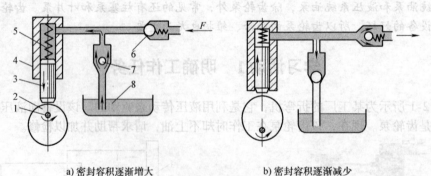

a) 密封容积逐渐增大　　　　　　　　b) 密封容积逐渐减少

图 2-2　液压泵的工作原理
1—偏心轮轴　2—偏心轮　3—柱塞　4—油缸体　5—弹簧　6、7—单向阀　8—油池

当偏心轮直径由最小转向最大时，如图 2-2b 所示，密封容积逐渐减少，使密封容腔中的油液受到挤压，压力升高。当密封容积内油液的压力大于大气压时，单向阀 7 关闭，进油过程结束。当密封腔内油液压力大于负载 F 时，单向阀 6 被推开，泵向系统供给压力油，这

一过程称为压油。由此可见，油泵是靠密封工作腔的容积周期性的变化而工作的。

液压泵实现吸油、压油的工作的条件：

1）具有密封的容积。

2）密封容积的大小能周期性地有规律的变化，它吸进和输出油液的多少由密封腔体积变化的大小和变化频率决定。

3）要装备配流装置，它是泵能不断吸油、压油，即泵能连续工作的保证。

4）油箱必须与大气相通，这是吸油时打开进油路上单向阀的动力。

这种靠密封容腔体积的周期性变化，实现吸油和压油的液压泵称为容积泵。目前，液压传动中的油泵一般均采用容积泵。

二、液压泵的分类

液压泵的图形符号见表2-1，液压泵的分类见表2-2。

表2-1 液压泵的图形符号

单向定量泵	双向定量泵	单向变量泵	双向变量泵

识图要点：实心黑三角形以及圆圈外带箭头的弧线用于区分是单向泵还是双向泵，有一个实心黑三角形并且弧线是单向箭头的是单向泵，有两个实心黑三角形并且弧线是双向箭头的是双向泵；倾斜的箭线用于区分是定量泵还是变量泵，有倾斜箭线的是变量泵，没有倾斜箭线的是定量泵。

表2-2 液压泵的分类

	分　类		作　用
液压泵	齿轮泵	外啮合齿轮泵	只能作低压定量泵用
		内啮合齿轮泵	
	叶片泵	单作用式叶片泵	既能作定量泵，也能作变量泵
		双作用式叶片泵	只能作定量泵
	柱塞泵	轴向柱塞泵	既可作定量泵，也可作变量泵，用于高压场合
		径向柱塞泵	

三、外啮合齿轮泵的结构、特点和工作原理

1. 齿轮泵的工作原理

外啮合齿轮泵的外观和工作原理如图2-3所示，泵体内孔装有一对与泵体宽度相等、齿数相同、互相啮合的齿轮。泵体、端盖和齿轮的各个齿间槽组成许多密封工作腔，同时轮齿的啮合线又将左右两腔隔开，形成压油腔和吸油腔。当电动机带动主动齿轮旋转时，吸油腔

内的轮齿逐渐脱开啮合，密封工作腔容积逐渐增大，形成局部真空，油箱中的油液在大气压作用下经泵的吸油管进入泵内，补充增大的容积将齿间槽充满。随着泵轴及齿轮的旋转，油液被带到左侧的压油腔。在压油腔一侧，轮齿逐渐进入啮合，密封工作腔容积减小，油液便被挤压经压油口输出到系统中。转轴旋转一周，每个工作腔吸、压油各一次。转轴带动齿轮不断地转动，齿轮泵便连续不断的吸油和压油，连续不断地向系统提供液压油。齿轮泵只能做成定量泵。

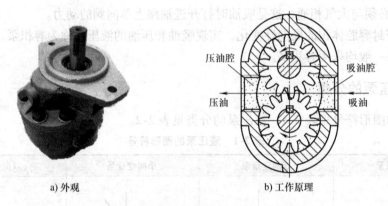

a) 外观   b) 工作原理

图 2-3 外啮合齿轮泵的外观和工作原理

2. 齿轮泵的特点

它是以一对齿轮啮合运动的方式进行工作的定量泵。它的优点是结构简单，制造方便，价格低廉，自吸性能好，对油的污染不敏感，便于维修，工作可靠；缺点是流量脉动大，噪声大，泄漏比较严重，只能作低压（$p < 2.5\text{MPa}$）系统的动力元件。

3. 外啮合齿轮泵的基本结构

外啮合齿轮泵的基本结构如图 2-4 所示。

图 2-4 外啮合齿轮泵的基本结构

以 CB - B 型齿轮泵为例其结构如图 2-5 所示。它的主体结构采用了泵体 7 和前、后盖的三片式结构。三片间通过两个圆柱销 17 进行定位，并由 6 个螺钉 9 加以紧固。两个齿轮中的主动齿轮 6 用键 5 固定在传动轴 12 上，由电动机带动进行连续转动，从而带动从动齿轮 14 旋转。在后端盖上开有吸油口和压油口，开口大的为吸油口，与进油管相连接，保证了吸油腔始终与油箱的油液相通；另一个开口小的为压油口，通过压力油管与系统保持相通。为使齿轮转动灵活，同时保证内泄漏量要尽量小，在齿轮端面与两个端盖之间留有极小的轴向间隙；为减小泵体与端面之间的油压作用，减小螺钉紧固力，并防止油泄漏到泵外，在泵体的两端面开有卸荷槽16，把两齿轮端部的压力油液引回吸油腔进行卸压。

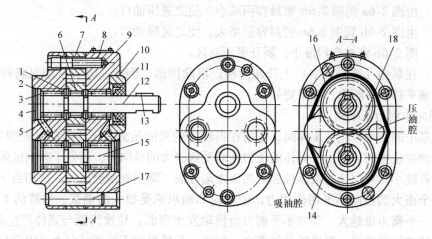

图 2-5 CB – B 型齿轮泵的结构

1—弹簧挡圈 2—轴承端盖 3—滚针轴承 4—后端盖 5、13—键 6—主动齿轮
7—泵体 8—前端盖 9—螺钉 10—油封端盖 11—密封圈 12—传动轴 14—从动齿轮
15—从动轴 16—卸荷槽 17—圆柱销 18—困油卸荷槽

四、齿轮泵的常见问题

1. 困油

（1）困油现象产生的原因　为了保证齿轮连续平稳运转，又能够使吸压油口隔开，齿轮啮合时的重合度（啮合数）必须大于1。有时会出现两对齿轮同时啮合的情况，故在齿向啮合线间形成一个密封容积。困油现象就是发生在每一对的啮合区内，这种由于齿厚相等而使被封闭在齿间的油液先挤压后真空负压的现象，称为齿轮泵的困油现象，如图2-6所示。

（2）困油引起的不良结果

由图2-6a到图2-6b，容积缩小，压力升高，高压油从一切可能泄漏的缝隙强行挤出，使轴和轴承受很大冲击载荷，泵剧烈振动，同时无功损耗增大，油液发热。

由图2-6b到图2-6c 容积增大，压力降低，形成局部真空，产生气穴，引起振动、噪声、汽蚀等。

总之，由于困油现象，使泵工作性能不稳定，产生振动、噪声等，直接影响泵的工作寿命。

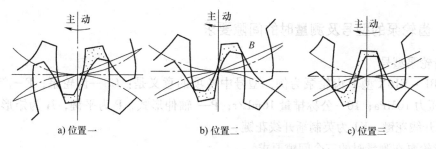

a) 位置一　　　　　　　b) 位置二　　　　　　　c) 位置三

图 2-6 困油产生过程

（3）消除困油的原则和方法

原则：由图 2-6a 到图 2-6b 密封容积减小，使之通压油口。

由图 2-6b 到图 2-6c 密封容积增大，使之通吸油口。

图 2-6b 密封容积最小，隔开吸压油区。

方法：在泵盖（或轴承座）上开卸荷槽以消除困油，例如，CB—B 型泵将卸荷槽整个向吸油腔侧平移一段距离，效果更好。

2. 径向作用力不平衡

齿轮泵中的两个齿轮在工作时，作用在齿轮上的径向压力是不均衡的。如图 2-7 所示，齿轮在压油腔位置的牙齿由于液体的压力高而受到很大的径向力，而处于吸油区的牙齿所受的径向力就较小，可以认为液压油腔的高压逐渐分级下降到吸油腔压力，这相当于油液作用给齿轮一个很大的径向不平衡作用力，使齿轮和轴承承受很大的偏载。油液的工作压力越大，径向不平衡力也越大，径向不平衡力会使轴发生弯曲，导致齿顶与壳体产生接触摩擦，同时会加速轴承的磨损，降低轴承的寿命，所以，齿轮泵的不平衡径向力是阻碍泵的工作压力进一步提高的主要原因。

具体改善措施是：缩小压油口，以减小液压油作用面积，增大泵体内表面和齿顶间隙。

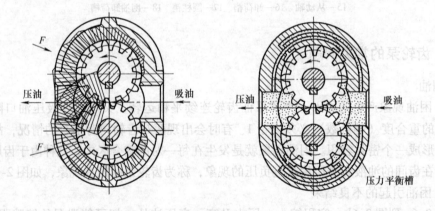

图 2-7　齿轮泵的径向不平衡力

3. 泄漏

主要表现在齿侧泄漏（占齿轮泵总泄漏量的 5%）、径向泄漏（占齿轮泵总泄漏量的 20% ~25%）和端面泄漏（占齿轮泵总泄漏量的 75% ~80%）。总之，泵压力越高，泄漏越大。

五、齿轮泵的型号及测量时的间隙要求

1. 齿轮泵型号

以 CBF－E16X 型 P 齿轮泵为例，型号中各项的意义是：CB—齿轮泵；F—产品代号；E—公称压力 16MPa；16—公称排量 16mL/r；P—轴伸形式，P 为平键，H 为矩形花键，K 为公制渐开线花键，K1 为英制渐开线花键。

2. 齿轮泵在测量时的三个间隙要求

1）测量齿顶圆直径与泵体之间的间隙是否在 0.12 ~0.16mm。

2）两个齿轮等厚度误差是否小于 0.005mm。

3）两齿与浮动垫片之和是否与泵体相差 0.02mm。

六、齿轮泵安装与使用

1. 拆卸时应注意的事项

1）根据齿轮泵的结构图，能够正确选用所需工量具。

2）拆卸完毕后对各零部件进行检查、测量，要掌握三个间隙的尺寸。

3）将经过测试好的元件或装置按照拆卸的顺序排列好，要记住拆卸的顺序，不能装反。

4）注意密封圈处的弹簧不要丢掉，垫片不能装错，最后进行工作运行检验。

2. 齿轮泵的安装与使用

1）齿轮泵在安装之前，应彻底清洗管道，去掉污物、氧化皮等；用油液将泵充满，通过泵的轴转动主动齿轮以使油液进入泵内各配合表面。

2）安装时，要分清泵的进出油口方向，不得装反；要拧紧进、出油口的管接头和法兰盘上的连接螺钉，密封要可靠，以免引起吸空或漏油，影响泵的性能。

3）齿轮泵传动轴与原动机输出轴之间的中心高应相同，两者应采取联轴器连接，同心度偏差应小于 0.1mm，若采用 V 带或齿轮直接驱动齿轮泵，则齿轮泵应为前盖带有滚动轴承支撑的产品。

4）泵的安装位置应使其吸油口相对于油箱液面的高度不超过规定值，一般应在 0.5m 以下；若进油管道较长，则应加大进油口径，以免流动阻力太大影响泵的顺畅吸油。

5）应按照泵的产品样本规定的牌号选用工作油液，油液应过滤，低压齿轮泵可选取过滤精度较低的过滤器，高压齿轮泵应选取过滤精度高的过滤器。工作油温通常在 35~55℃。

6）齿轮泵起动时，应首先点动检查泵的旋向和驱动轴的旋向是否一致；起动前必须检查系统中的溢流阀是否在调定的压力值；泵运行时，建议断开泵的排油，以便将泵的壳体内空气排出；应避免泵带负荷起动以及在有负荷情况下停止运行；泵在工作前应进行不少于10min 的空负荷运行和短时间的带负荷运行，然后检查泵的运行情况，泵不应有渗漏、过度发热和异常声响等；泵工作中发现异常应及时查明原因并排除故障。

7）泵如长期不用，最好将其和原动机分离保管；再次使用时，应进行不少于10min 的空负荷运转，并进行以上试运转例行检查。

3. 实际应用

外啮合齿轮泵的优点是结构简单，制造方便，价格低廉，体积小，重量轻，工作可靠，维护方便，自吸能力强，对油液污染不敏感。它的缺点是容积效率低，轴承及齿轮上承受的径向载荷大，因而使工作压力的提高受到一定限制，至此，还存在着流量脉动大、噪声较大等不足之处。外啮合齿轮泵常用于负载小、功率小的机床设备、机床辅助装置，如送料、夹紧等场合，在工作环境较差的工程机械上也广泛应用。

七、齿轮泵的故障分析与排除方法

1. 油泵噪声大

齿轮泵的噪声来源主要有：流量脉动的噪声、困油产生的噪声、齿形精度差产生的噪声、空气进入产生的噪声、轴承旋转不均产生的噪声等。

（1）因密封不严吸进空气产生的噪声

1）从泵体与前后盖接合处进气。泵体与前后盖之间用螺钉压紧的平面密封是硬性接触，若接触平面因加工不良其平面及表面粗糙度不好时，容易进气，可拆开泵，通过研磨泵体结合平面加以解决。当泵体或泵盖的平面度达不到规定的要求时，可以在平板上用金钢砂按"8"字形路线来回研磨，也可以在平面磨床上磨削，使其平面度不超过5μm，并需要保证其平面与孔的垂直度要求。

2）从泵轴油封处进气。泵轴上采用骨架式油封密封，当装配时卡紧唇部的弹簧脱落或者油封装反，以及因使用造成唇部受伤或者老化破损时，因油封后端经常处于负压状态，空气便会从此处进气到泵内，一般可更换新油封予以解决。

3）油箱内油量不够，滤油器或吸油管未插入油面以下，油泵便会吸进空气。

4）回油管露出油面，有时也会因系统内瞬间负压使空气反灌进入系统，所以回油管一般应插入油面以下。

5）吸油滤油器被污物堵塞或设计选用滤油器的流量过小，导致吸油阻力增大而吸进空气，另外进出油口通径过大都有可能带进空气，此时可清洗滤油器，选用大流量的滤油器，并适当减少进出油口通径加以排除。

（2）因机械原因产生的噪声

1）因油中污物进入泵内导致齿轮等磨损拉伤产生噪声，此时应更换油液并加强过滤，拆开泵清洗，齿轮磨损严重时要研修或予以更换。

2）因泵与电动机连接的联轴器安装不同心，有碰擦现象并产生噪声。出现此情况，一般除了要采用挠性连接外，在使用中如果发现联轴器的滚柱、橡胶圈损坏时应更换，并保证两者的同心度。

（3）困油现象产生的噪声 当密闭油腔容积减至最小时，压力最高，被困的油从齿轮的啮合缝隙中强行挤出，使齿轮和轴承受到很大的径向力，产生振动和噪声；反之，当封闭油腔容积增至最大时，就会产生部分真空，使溶于油液中的空气分离出来，油液产生蒸发汽化，也产生振动和噪声。对齿轮泵消除困油现象产生的振动和噪声，主要是设计厂家应该设计加工理想的卸荷槽（圆形、方形、异形等），使得困油空间到达最小位置时和排油腔相通，过了最小位置后和吸油腔相通，这样既可消除困油现象，也可以减小噪声和振动。

（4）其他原因产生的噪声

1）进油滤油器被污物堵塞是常见的噪声原因之一，往往清洗滤油器后噪声可立即降下来。

2）油液黏度过高也会产生噪声，必须合理选择油液黏度。

3）海拔和泵转速过高，也会造成泵进口真空度过大，导致噪声，必须进行合理的选择。

4）进、出油口通径太大，也是噪声大的原因之一。经验证明，适当减少进、出通径对降低噪声有较明显效果。

5）齿轮泵轴轴向装配间隙过小，齿形上有毛刺。此时可研磨齿轮端面，适当加大轴向间隙，并清除齿形上的毛刺。

2. 压力波动大、振动

CB—B 型齿轮泵在运转时，从压力表上观察，如果指针振幅超过 ±0.15MPa，称为压力波动大，同时伴随有振动。

3. 齿轮泵输出流量不够或者根本吸不上油

此故障是指齿轮泵在电动机带动下工作，但泵排出的流量很小，不能达到额定流量。具体表现在液压系统中油缸的快进速度慢了下来或者油马达的转速变慢，蓄能器的充液速度下降，需要很长时间才能使蓄能器的充填压力上升，控制阀响应迟钝等故障。

◆ **知识拓展**

一、叶片泵

（一）单作用叶片泵

单作用叶片泵的外形如图 2-8 所示。

1. 单作用叶片泵的工作原理

单作用叶片泵的工作原理如图 2-9 所示，由转子 1、定子 2、叶片 3、端盖和配油盘等组成。定子具有圆柱形内表面，定子和转子间有偏心 e，叶片装在转子槽中，并可在槽内滑动，当转子在电动机带动下旋转时，借助离心力的作用，使叶片靠紧在定子内壁，于是，两相邻叶片、定子内表面、转子外表面和两端配油盘间便形成了若干个密封的工作腔。当转子按图示方向旋转时，右侧叶片逐渐伸出，叶片间的密封空腔体积逐渐增大产生局部真空，从吸油口

图 2-8　叶片泵的外形

吸油，这便是吸油过程；左侧叶片被定子内壁逐渐压进槽内，使密封的工作腔体积逐渐变小，将油液从压油口压出，这就是压油过程。在吸油腔和压油腔之间有一段封油区，把吸油腔和压油腔隔开。这种叶片泵的转子每转一周，每个工作腔完成一次吸油和压油过程，因此称为单作用叶片泵，转子不停地旋转，泵就不断地吸油和压油。

2. 单作用叶片泵的流量

如图 2-10 所示，单作用叶片泵的排量为各个工作腔在转子旋转一周时排出的油液总和。单作用叶片泵的流量是有脉动的，理论分析和实践表明：叶片数越多，流量脉动越小。奇数叶片的泵比偶数叶片的泵流量脉动小，故单作用叶片泵的叶片均为奇数，一般为 13 片或 15 片。

3. 单作用叶片泵的结构特点

1）单作用叶片泵通过改变定子和转子间的偏心 e 来改变泵的流量。若增大偏心距 e，则流量 q 增加；反之，则流量 q 减小；当 $e=0$ 时，泵的流量也为零。

2）为了使叶片顶部与定子内表面可靠接触，压油腔处的叶片底部要通过特殊的通道与压油腔相通，吸油腔区域处的叶片底部与吸油腔相通，叶片靠离心力的作用顶在定子内表面上，实现密封。

3）转子承受着不平衡的径向液压力，故单作用叶片泵不宜用作高压泵。

4. 外反馈限压式变量叶片泵

在结构上，限压式变量叶片泵的转子是固定不动的，而定子可以在基座导轨上左右移动，通过改变偏心距的大小来改变泵的流量。限压式变量叶片泵是利用泵本身的排油压力的反馈作用来改变偏心距的大小，实现变量的。

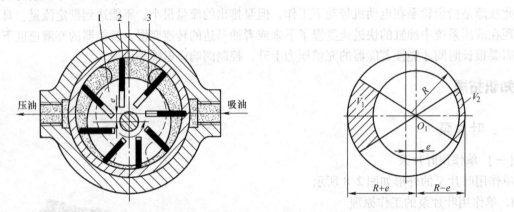

图 2-9 单作用叶片泵的工作原理
1—转子 2—定子 3—叶片

图 2-10 单作用叶片泵流量计算简图

如图 2-11 所示，在限压弹簧 2 的作用下，定子被推向右端，使定子和转子间有一初始偏心量，这是泵最大的偏心量，它决定了泵的最大流量 q_{max}，当叶片泵运转后，若系统有负载，则泵的出油腔产生了压力 p，此压力经过流道 5 传给反馈液压缸，缸中柱塞 6 承受推力 pA 后施于定子 4 上，若 $pA < kx_0$（k 为弹簧刚度，x_0 为了弹簧预压缩量），则定子不动，偏心距 e_0 不变，泵的流量维持最大。当泵输出压力升高，$pA > kx_0$ 时，限压弹簧 2 被压缩，定子左移，偏心距减小，流量也减少，泵输出的压力升高，偏心越小，泵输出的流量也越小。当压力增加到一定数值时，偏心距消失，泵的输出流量为零。此时，系统再增加负荷，泵输出的压力也不会升高，故这种泵称为限压式变量叶片泵。限压式变量叶片泵的流量随压力变化而变化的特性在生产中（组合机床的进给装置中）应用较广。当工作部件承受较小负载而要求快速运动时（空进给时），油泵输出低压大流量的液压油；当工作部件承受较大负载而要求慢速运动时（工进时），油泵输出高压小流量的液压油。在机床液压系统中采用限压式变量叶片泵，可使系统的油路简化，减少液压元件的数量，降低功率损耗，减少油液发热。但该类泵结构复杂，泄漏量虽优于齿轮泵，但仍较严重，尤其是径向不平衡力的存在，严重影响转子轴承的使用寿命，因此，该泵一般在中压场合使用。

5. 实际应用

限压式变量叶片泵在中、低压液压系统中用得较多，液压系统采用这种变量泵，可以省去溢流阀，并减少油液发热，从而减小油箱的尺寸，使液压系统比较紧凑。同时，在功率利用上比较合理，效率较高，在机床液压系统中被广泛采用。

（二）双作用叶片泵

1. 双作用叶片泵的工作原理

如图 2-12 所示，双作用叶片泵由定子、转子、装在转子槽中的叶片和装在定子两侧的配流盘组成。定子内表面近似椭圆，定子和转子同心。在配流盘上，对应于定子四段过渡曲线的位置开有两个腰形配流窗口，其中两个窗口与泵的吸油口相通，称为吸油窗口。另外两

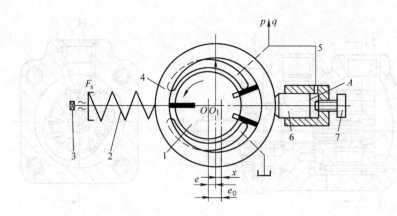

图2-11 外反馈限压式变量泵的工作原理

1—转子 2—限压弹簧 3—调压螺钉 4—定子 5—流道 6—反馈柱塞 7—流量调节螺钉

个窗口与泵的压油口相通，称为压油窗口。当转子按图标方向旋转时，叶片在离心力和根部油压的作用下紧贴定子内表面，并随定子内表面曲线的变化而被迫在转子槽内往复滑动。于是两相邻叶片间的密封容积发生增大和缩小的变化，经过窗口 a 时容积增大进行吸油，经过窗口 b 时容积缩小进行压油。转子每转一周，每一叶片往复滑动两次，即吸油、压油作用也发生两次，因此称这种泵为双作用叶片泵。

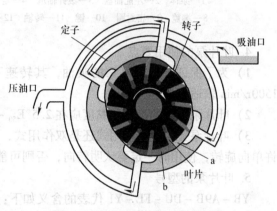

图2-12 双作用叶片泵的工作原理

由于吸、压油口对称于转轴分布，压力油作用在转子轴承上的径向力平衡，所以又称为平衡式叶片泵和卸荷式叶片泵。双作用叶片泵的排量不能调的是定量泵。

2. 双作用叶片泵的结构特点（见图2-13）

1）配流盘上两个吸油窗口对称布置，故作用在转子上的液压力径向平衡，转轴使用寿命长。

2）为了保证叶片和定子内表面紧密接触，叶片槽根部全部通液压油。

3）双作用叶片泵的叶片不能径向安装，而要倾斜一个角度。

3. 双作用叶片泵的实际应用

对于双作用叶片泵，当转子每转一周，每个工作空间要完成两次吸油和压油，所以称为双作用叶片泵，这种叶片泵由于有两个吸油腔和两个压油腔，并且各自的中心夹角是对称的，所以作用在转子上的油液压力相互平衡，因此双作用叶片泵又称为卸荷式叶片泵，为了使径向力完全平衡，密封空间数（即叶片数）应当是双数。

由于双作用叶片泵的压油窗口对称分布，所以不仅作用在转子上的径向力是平衡力，而且运转平稳、输油量均匀、噪声小。因此在各类机床设备中得到广泛应用，尤其在注塑机、运输装卸机械、液压机和工程机械中得到很广泛的应用。

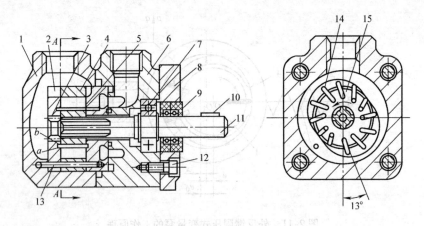

图 2-13　叶片泵的结构

1—泵体　2—左配油盘　3—滚针轴承　4—定子　5—右配油盘　6—壳体　7—滚动轴承
8—端盖　9—密封圈　10—键　11—转轴　12—螺钉　13—定位销　14—叶片　15—转子

4. 叶片泵的使用要点

1）为了保证叶片泵可靠的吸油，其转速不能太低，但也不能太高，一般选在 600 ~ 1500r/min 较适宜。

2）叶片泵使用的液压油黏度应在 $2.5°E_{50} ~ 5°E_{50}$。

3）叶片泵无论是单作用式还是双作用式，叶片在转子槽中的安装均有倾角，转子只允许单向旋转，使用时一定要认明转向，否则可能会造成叶片折断。

5. 叶片泵的型号

YB – A9B – DU – FL – Y1 代表的含义如下：

YB——叶片泵；

A——系列号，A：6 ~ 36mL/r；B：48 ~ 113mL/r ；C：129 ~ 194mL/r；

9——主参数几何排量（mL/r）；

B——压力分级；B：2 ~ 8MPa ；C：8 ~ 16MPa；

D——旋向；D：顺时针；S：逆时针；

U——油口位置（从后盖看）：U：出油在进油口对侧；T：出油口与进油口同侧；V：出油口自进油口逆时针转 90°；W：出油口自进油口顺时针转 90°；

F——安装方式；F：法兰安装；J：脚架安装；

L——连接型式；L：螺纹连接；F：法兰连接；

Y1——设计号。

（三）叶片泵的安装

1）泵的支架座要牢靠、刚性好，并能充分吸收振动。

2）泵的转轴和原电动机轴的同轴度误差不大于 0.1mm，尽可能采用柔性联轴器，以避免泵轴承受弯矩及轴向载荷。转轴轴向载荷应符合产品要求。

3）泵的吸入管道通径应不小于泵入口通径，吸油过滤器通过流量应不小于泵额定流量的两倍。

4）若泵的安装位置高于油箱，吸入口距油箱液面的高度应符合说明书的规定。若泵的工作转速较低，安装时应将泵的吸入口向上，以便起动时易于吸油。

5）油箱内应设有隔板，用来分隔回油带来的气泡和赃物。回油管应伸到液面以下（不得直接和泵的入口连接），防止回油飞溅引起气泡。

6）在泵起动前，应检查进、出口和转向，泵的旋转方向应与产品标牌指示方向一致。

7）初次起动最好向泵里注满油液，并用手转动联轴器，旋转力量应感觉均匀、灵活。

8）在初次工作或长期停机后再起动时，会产生吸空现象，所以应在输出口端安装排气阀，或稍微松动出口法兰，排出空气，并尽可能在空载情况下进行试运转。

9）在对变量叶片泵的排量进行调整时，应先拧松防松螺母，再旋转调整螺钉，并注意增大和减小流量时调整螺钉的旋转方向，调整完毕，应拧紧螺母。在对变量叶片泵的压力进行调整时，也应注意增大和减小时调压螺钉的正确旋转方向，调整完毕，应拧紧螺母。

二、柱塞泵

柱塞泵是靠柱塞在缸体中作往复运动，使密封容积的变化来实现吸油与压油的液压泵，与齿轮泵和叶片泵相比，这种泵有许多优点：

1）构成密封容积的零件为圆柱形的柱塞和缸孔，加工方便，可得到较高的配合精度，密封性能好，泵的内泄漏量很小，在高压的条件下工作具有较高的容积效率，柱塞泵所允许的工作压力高，这是柱塞泵的最大特点。

2）只需改变柱塞的工作行程就能改变流量，易于实现变量。

3）柱塞泵中的主要零件均受压应力作用，材料强度性能可得到充分利用。

按照柱塞在缸体内的排列不同，常用的柱塞泵及柱塞马达可分为轴向柱塞式和径向柱塞式两大类。轴向柱塞泵按其结构的不同又可分为斜盘式（见图 2-14）和斜轴式。轴向柱塞泵（马达）因柱塞与缸体轴线平行或接近于平行而得名。它具有工作压力高（额定压力一般可达 $32 \sim 40$MPa）、密封性好，容积效率高（一般在 95% 左右）、易实现变量等优点，因而广泛用于中高压液压

图 2-14　斜盘式柱塞泵的外形

系统。其缺点是结构较复杂，价格高，对油液的污染比较敏感，使用、维修的要求也较为严格。

由于柱塞泵的结构紧凑，工作压力高、效率高，流量调节方便，故在需要高压、大流量、大功率的系统中和流量需要调节的场合，如龙门刨床、拉床、液压机、起重运输机械、铸锻设备、工程机械、矿山冶金机械、船舶等设备中，得到应用。

（一）斜盘式轴向柱塞泵的工作原理与结构

1. 斜盘式轴向柱塞泵的工作原理

这种斜盘式轴向柱塞泵的工作原理如图 2-15 所示，它主体由缸体、配油盘、柱塞和斜盘组成。几个柱塞沿圆周均匀分布在缸体内，斜盘轴线与缸体轴线倾斜一角度，柱塞靠机械装置或在低压油作用下压紧在斜盘上，配油盘和斜盘固定不转。当原动机通过转轴使缸体转动时，由于斜盘的作用迫使柱塞在缸体内作往复运动，并通过配油窗口进行吸油和压油。

当柱塞运动到下半圆 $\pi \sim 2\pi$ 范围内时，柱塞将逐渐向缸套外伸出，柱塞底部的密封工作容积将增大，通过配油盘的吸油窗口进行吸油；而在 $0 \sim \pi$ 范围内时，柱塞被斜盘推入缸

体，使密封容积逐渐减小，通过配油盘的压油窗口压油。缸体每转一周，每个柱塞完成吸油、压油各一次。

改变斜盘倾角就能改变柱塞行程的长度，即改变液压泵的排量；改变斜盘倾角的方向便能改变吸油和压油的方向，从而使泵成为双向变量泵。

配油盘上吸油窗口和压油窗口之间的密封区宽度应稍大于柱塞体底部通油孔宽度。但不能相差太大，否则会发生困油现象。一般在两配油窗口的两端部开有小三角槽，以减小冲击和噪声。

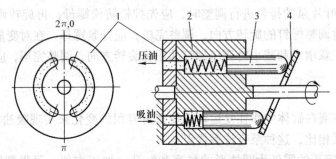

图 2-15　斜盘式轴向柱塞泵的工作原理
1—斜盘　2—柱塞　3—缸体　4—配流盘

2. 斜盘式轴向柱塞泵的结构

它由右侧的主体结构和左侧的变量调整机构组成，如图 2-16 所示。

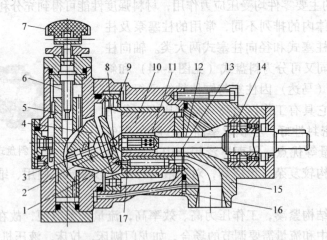

图 2-16　斜盘式轴向柱塞泵的结构
1—滑履　2—回程盘　3—销轴　4—斜盘　5—变量活塞　6—螺杆　7—手轮　8—钢球　9—大轴承
10—缸体　11—中心弹簧　12—转轴　13—配流盘　14—前轴承　15—前泵体　16—中间泵体　17—柱塞

其主体部分由装在中间泵体内的缸体、柱塞、斜盘和配流盘组成，缸体由转轴带动进行旋转。在缸的各个轴向柱塞孔内各装有柱塞，柱塞头部与滑履采用球面配合，而外面加以铆合，使柱塞和滑履既不会脱落，又使配合球面间能相对运动；使回程盘和滑履一同转动时，在排油过程中借助斜盘推动柱塞作轴向运动；弹簧通过钢球推压回程盘，以便在吸油时依靠回程盘、钢球和弹簧所组成的回程装置将滑履紧紧压在斜盘的表面滑动，这样就可以使泵具有自吸能力。在滑履与斜盘相接触的部位有一油室，它通过柱塞中间的小孔与缸体中的工作腔相连，以便使液压油进入油室后在滑履与斜盘的接触面间形成一层油膜，起到静压支承的作用，使滑履作用在斜盘上的力大大减小，磨损也减小。转轴通过其左端的花键来带动缸体进行旋转，柱塞在随缸体旋转的同时在缸体中作往复运动。缸体中柱塞底部的密封工作容积是通过配流盘与泵体的进出口相通的。随着转轴的转动，液压泵就连续地吸油和排油。缸体通过大轴承支承在中间泵体上，这样斜盘通过柱塞作用在缸体上的径向分力可以由大轴承承受，使转轴不受弯矩作用，并改善了缸体的受力状态，从而保证缸体端面与配流盘更好地接触。

变量调整机构用来进行输出流量的调节。在变量轴向柱塞泵中都设置有专门的变量调整机构，可以用来改变斜盘倾角的大小，以调节泵的流量。

图2-17所示为目前使用比较广泛的一种斜盘式轴向柱塞泵的结构简图。它有下面一些特点：

1）采用了滑履机构。柱塞头部均装有滑履（图2-17b），将点接触改为面接触。滑履与斜盘之间的平缝隙采用静压平衡，从而使摩擦损失大大减小。

2）采用了中心弹簧机构。在图2-17中，为了使柱塞的头部时时压在斜盘上，在每个柱塞的底部再装一压簧，但随着柱塞往复次数的增加，弹簧易产生疲劳，现改用一个中心弹簧6（图2-17a），通过压盘3（又名回程盘）将滑履压在斜盘的表面上，从而解决了吸油阶段柱塞的回程，省掉了在每个柱塞的底部加装弹簧。而且，这种中心弹簧只能承受静载荷，不易疲劳损坏。

3）缸体与配流盘接触的端面间隙会产生泄漏，为使它们密封，除图2-17a的弹簧6外，还采用了静压平衡，使柱塞孔底部台阶面上受到液压力。此作用力比弹簧力大得多，而且随泵的压力升高而增大，使缸体始终紧贴着配流盘，使间隙得到了自动补偿，提高了泵的容积效率。

4）泵内压油腔的高压油，经过三对运动副泄漏到缸体与泵体之间的空间后，经泵体上方的卸油口直接流回油箱。于是，保持了泵体内的油压为零，又随时将热油排走，使泵内油液温度不会过高。

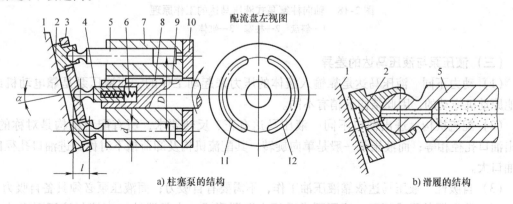

图2-17　斜盘式轴向柱塞泵的结构简图

1—斜盘　2—滑履　3—压盘　4—套　5—柱塞　6—弹簧　7—缸体

8—键　9—传动轴　10—配流盘　11—压油窗口　12—吸油窗口

3. 三对运动摩擦副的特点

在斜盘式轴向柱塞泵中，柱塞与柱塞孔、缸体与配流盘、滑靴与斜盘构成三对运动摩擦副，这三对运动摩擦副的工作状态直接影响泵的密封性能、效率和使用寿命等。

4. 柱塞泵的型号

25SCY14 – 1B 代表的含义如下：

25——公称排量，即排量为 25mL/r；

S——手动变量；

C——压力级别，31.5MPa；

Y——泵；

14——缸体转动轴向柱塞泵（马达）；

1—— 第一种结构代号；

B——技术改进代号。

（二）轴向柱塞式液压马达

如图 2-18 所示，当液压油输入时，处于高压腔中的柱塞 2 被液压油顶出，头部压在斜盘 1 上，设斜盘作用在柱塞头部的反压力为 F_N（F_N 沿柱塞头部曲面的内法线方向上，且垂直于斜盘），于是 F_N 分解为两个力。轴向分为 F 和作用在柱塞上的液压力平衡，与 F 垂直的分力 F_T 使缸体 3 产生转矩。柱塞式液压马达的总转矩是脉动的，其结构与柱塞泵基本相同。但是，为了适应正反转的要求，配油盘要做成对称结构，进、回油口的通径应相等，以免影响马达正、反转的性能。同时为了减小柱塞头部和斜盘之间的磨损，在斜盘后面装有推力轴承以承受推力，斜盘在柱塞头部摩擦力的作用下，可以绕自身轴线转动。

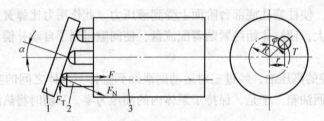

图 2-18　轴向柱塞泵式液压马达的工作原理
1—斜盘　2—柱塞　3—缸体

（三）液压泵与液压马达的差异

（1）动力不同　液压马达是靠输入液体的压力来起动工作的，而液压泵是靠电动机或其他原动机拖动的，因此结构上稍有不同。

（2）配流机构、进出油口不同　液压马达有正、反转要求，所有配流机构是对称的，进出油口孔径相等；而液压泵一般是单向旋转，其配流机构及卸荷槽不对称，进油口孔径比出油口大。

（3）自吸性　液压马达依靠液压油工作，不需要有自吸力；而液压泵必须具备自吸力。

（4）防泄漏的形式不同　液压泵常采用内泄漏形式，内部泄油口直接与液压泵吸油口相通。而液压马达是双向运转，高、低压油口互相转换。当用出油口节流调速时，液压马达产生背压，使内泄油口压力增高，很容易因压力损坏密封圈。因此，液压马达采用外泄式结构。

（5）液压马达的容积效率比液压泵低　流量小时，容积效率更低，故液压马达的转速不能过低，即供油的流量不能太少。

（6）液压马达起动转矩大　为使起动转矩尽量与工作状态接近，要求马达的转矩脉动要小，内部摩擦要小，因此齿数、叶片数、柱塞数要比液压泵多。液压马达的轴向间隙补偿装置的压紧力比液压泵小，以减小摩擦力。

学习活动3　制订工作计划

1）写出拆卸和安装 CBF—E16P 型齿轮泵的工作步骤。

2）请写出拆卸和安装 CBF—E16P 型齿轮泵所需工、量具清单，见表 2-3。

表 2-3　所需工量具及用途

序号	工量具名称	规格型号	数量	用途

学习活动4　任务实施

一、任务准备

实训设备为 CBF—E16P 型齿轮泵 10 台。

二、工作任务

1）对齿轮泵进行拆卸。

2）轮泵进行清洗检查、排除故障。

3）齿轮泵进行装配。

4）齿轮泵进行检测试验。

三、安全注意事项

1）装配前应认真检查各零件、所有零件必须清除毛刺、锐边倒钝、清磁、清洗后方可投入装配。

2）CB 齿轮泵泵体容易装反，必须特别注意，否则吸不上油。

3）拆装时要注意保护零件的配合表面，不允许使用铁锤直接敲击泵体和零件，应采用铜棒间接敲击。

4）间隙配合的安装要轻轻推入，不得有卡阻现象，更不能敲击强装，应退出重装，以免损坏零件。

5）装配时尽量采用专用工具，使用卡簧钳时应注意，防止卡簧（弹簧挡圈）弹飞伤人。

学习活动5 总结与评价

参照表1-4进行综合评价。

 课后思考

（一）填空题

1. 由于齿轮泵有困油现象，在齿轮泵中通过_____方法来解决。

2. 液压泵可分为_____、_____和_____三种。

3. 液压传动中所用的液压泵都是靠密封的工作容积发生变化而进行工作的，所以都属于_____。

4. 液压泵是液压系统中的_____元件。虽然图2-19所示液压泵的外形不同，但是它们在液压系统中的功能相同，即它们是将电动机（或其他原动机）输出的_____转换为_____的_____装置。

图2-19　液压泵

5. 液压泵正常工作的必备条件是：应具备能交替的变化的_____，应有_____，吸油过程中，油箱必须和_____相通。

6. 齿轮泵的泄漏一般有三个渠道：_____、_____、_____。其中以_____最为严重，齿轮泵泄漏的后果是_____。

7. 按照工作原理，叶片泵可分为_____和_____两类。

8. 双作用叶片泵由_____、_____、_____和_____组成。

9. 柱塞泵按柱塞排列的方向不同，分为_____和_____。

10. 轴向柱塞泵主要由_____、_____、_____和_____等组成。

（二）判断题（正确的打"√"错误的打"×"）

（　　）1. 齿轮泵只能作高压定量泵用。

（　　）2. 目前，液压传动中的油泵一般均采用容积泵。

（　　）3. 容积式液压泵输油量的大小取决于密封容积的大小。

（　　）4. 外啮合齿轮泵中，轮齿不断进入啮合一侧的油腔是吸油腔。

（　　）5. 外啮合齿轮泵价格低廉、自吸性能差。

（三）选择题

1. 下列元件中属动力元件的是（　　　）。

　　A. 阀　　　　　　　　　　B. 液压缸　　　　　　　　C. 液压泵

2. 液压泵是将电动机的（　　　）转变为油液液压能。

A. 动力黏度　　　　B. 液压能　　　　　C. 机械能

3. 高压系统宜采用（　　　）。

A. 外啮合齿轮泵　　B. 轴向柱塞泵　　　C. 叶片泵　　　　　　D. 内啮合齿轮泵

4. 液压系统中的液压泵属于（　　　）。

A. 动力部分　　　　B. 执行部分　　　　C. 控制部分　　　　　D. 辅助部分

5. 图 2-20 中的（　　　）图是单向变量泵的图形符号。

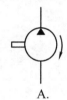　　　　　　

　　A.　　　　　　　　B.　　　　　　　　C.　　　　　　　　　D.

图 2-20　液压泵的图形符号

6. 液压泵是将电动机的机械能转变为油液的（　　　）。

A. 电能　　　　　　B. 液压能　　　　　C. 机械能

7. 外啮合齿轮泵的特点是（　　　）。

A. 结构紧凑，流量调节方便　　　　　　B. 价格低廉，工作可靠，自吸性能好

C. 噪声小，输油量均匀

D. 对油液污染不敏感，泄漏少，主要用于高压系统

8. 齿轮泵属于（　　　）。

A. 双向变量泵　　　B. 双向定量泵　　　C. 单向定量泵

9. 叶片泵常在（　　　）系统中使用。

A. 低压　　　　　　B. 高压　　　　　　C. 中压

（四）图 2-21 所示为一个双作用叶片泵的吸油、排油及两个配油盘，试分析回答以下问题：

①标出配油盘的吸油窗口和排油窗口。

②盲槽 a、环槽 b 和凹坑 c 有何用途？

③三角形浅沟槽 d 的作用是什么？

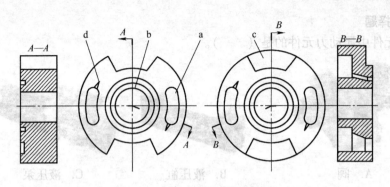

图 2-21 双作用叶片泵的配油盘

学习任务三

单体液压支柱的安装与检修

学习目标：

   1. 能通过阅读工作任务单和故障现象，接受维修任务并明确任务要求。

   2. 能通过查阅相关技术文件、资料、咨询相关技术人员等方式，掌握单体液压支柱的主要用途、结构组成、工作原理、常见故障和解决办法。

   3. 能识读、分析单体液压支柱液压控制回路工作原理图，初步判定故障原因。

   4. 能够掌握单向阀的结构、工作原理以及按图样、工艺、安全规程等要求，安装单体液压支柱中的单向阀。

   5. 能分析安装的正确性，按照安全操作规程试验，完工后按照要求清理施工现场。

工作情景描述：

   单体液压支柱是一种新环保型的支护装备，如图3-1所示其应用于煤矿井下对工作面的顶板及顶板冒落的岩石进行支撑，保证安全的工作空间。由于单体液压支柱井下运输方便、工作面使用方便，便于移动，维修简便，所以使用量很大。由于用量大及井下工作环境的影响，单体液压支柱的维修量也特别大。

图3-1 单体液压支柱

学习活动1　明确工作任务

单体液压支柱的支柱靠它的单向阀完成开启、注射和支撑。某企业有一批单体液压支柱出现故障，急需维修。

按照机械生产企业规定，从生产主管处领取生产任务单（见表1-1）并确认签字。

学习活动2　学习相关知识

◆ 引导问题

1. 说出单体液压支柱的应用、结构及工作原理。
2. 液压控制阀是如何分类的？本次任务用到的液压阀有哪些？
3. 单向阀的种类有哪些？普通单向阀的作用是什么？在油路中的符号怎么表示？
4. 液控单向阀的作用是什么？在油路中的符号怎么表示？

◆ 咨询资料

一、单体液压支柱的应用

单体液压支柱是一种新环保型的支护装备，应用于煤矿井下对工作面的顶板及顶板冒落的岩石进行支护，保证安全的工作空间。

二、单体液压支柱的工作原理及结构

DT型单体液压支柱为外部注液的单体液压支柱，由活柱体、液压缸、三用阀、顶盖、底座体、复位弹簧、手把体、活塞等主要零部件组成，如图3-2所示。

图3-2　外注式单体液压支柱的应用及三维实体造型

1. 单体液压支柱的原理

单体液压支柱通过液压站向与单体液压支柱连接的三用阀注液，单体液压支柱开始升起，达到需要的高度，利用液压支柱内密封圈的密封作用，完成支撑；如若下降则打开三用阀中卸载阀，液压支柱开始下降，完成工作。

2. 单体液压支柱三用阀的结构

三用阀顾名思义，即有三种用处的阀。其结构如图3-3所示，它是外注式单体液压支柱的心脏，支柱靠它的单向阀完成开柱和支撑；靠它的卸载阀完成支柱的回收；靠它的安全阀在支柱过载时使支柱缓慢收缩，保护支柱不致受损。外注式支柱将三个阀组装在一起，便于更换和维修。

三用阀利用左右阀筒上的螺纹装在支柱柱头上，并用阀筒上的O形密封圈与柱头密封。

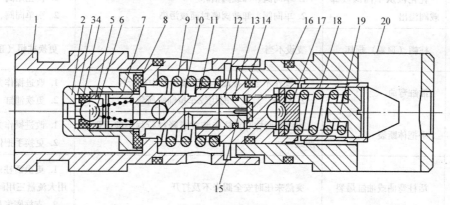

图 3-3　三用阀

1—左阀筒　2—注油阀体　3—限位套　4—单向阀座　5—压紧螺栓　6—钢球　7—锥形弹簧
8—卸载阀座　9—卸载阀弹簧　10—连接螺杆　11—阀套　12—阀座　13、14、16—O形密封圈
15—阀针　17—弹簧座　18—安全阀弹簧　19—调压螺钉　20—右阀套

三、单体液压支柱的常见故障及处理方法（见表3-1）

表 3-1　单体液压支柱的常见故障及处理方法

序号	故　障	故障原因	排除方法
1	支设时活柱不从缸体伸出，或伸出很慢	1. 泵站无压力或压力低 2. 截止阀关闭 3. 注液嘴被脏物堵塞 4. 密封失灵 5. 注液枪失灵 6. 管路过滤网堵塞	1. 检查泵站 2. 打开截止阀 3. 清理注液嘴 4. 检查各密封圈 5. 检查注液枪 6. 清洗过滤网
2	活柱降柱速度慢或不降柱	1. 活柱导向环胀大 2. 复位弹簧脱钩或损坏 3. 油缸有局部损坏 4. 活柱损坏 5. 防尘圈损坏	1. 更换导向环 2. 检查复位弹簧 3. 更换油缸 4. 更换活柱 5. 更换防尘圈

（续）

序号	故　障	故障原因	排除方法
3	工作阻力低	1. 安全阀开启压力低或关闭压力低 2. 密封件失效	1. 更换安全阀 2. 更换密封件
4	工作阻力高	1. 安全阀开启压力高 2. 安全阀垫挤入溢流间隙	1. 重新调定安全阀 2. 换阀垫
5	乳化液从手把体溢出	1. 柱上 Y 形密封圈损坏 2. 油缸变形	1. 换 Y 形密封圈 2. 换油缸
6	乳化液从底座溢出	1. 通底座上的密封圈损坏 2. 油缸变形	1. 换密封圈 2. 换油缸
7	乳化液从单向阀或卸载阀溢出	1. 单向阀、卸载阀损坏 2. 单向阀、卸载阀密封面被污染	1. 换三用阀 2. 洗单向阀、卸载阀
8	柱帽（顶盖）损坏	支设不当	更换柱帽（顶盖）
9	油缸弯曲	1. 操作不当，推溜千斤顶顶油缸中部所致 2. 柱压"死缸"时用绞车拉油缸所致	1. 改进操作方法 2. 更换油缸
10	手把体断裂	用绞车回柱时支柱未卸载或降柱行程不够而硬拉所致	1. 改进操作方法 2. 更换手把体
11	活柱弯曲或油缸爆裂	突然来压时安全阀来不及打开	1. 更换活柱或油缸或用大流量三用阀 2. 支柱密度加大
12	注液枪漏液	1. 密封圈损坏 2. 密封面损坏	1. 更换密封圈 2. 更换注液阀座

四、液压控制阀

1. 液压控制阀的作用

一个液压系统中要配备有一定数量的液压控制阀，它们对系统中油液的流动方向、压力和流量大小进行预期控制，以满足工作元件在运动方向上克服负载和运动速度上的要求，使系统能按要求起动和停止。因此，液压控制阀是决定液压系统工作过程和工作特性的重要元件。各种液压控制阀的基本组成是相同的，都由阀体、阀芯和驱动阀运动的元件三部分组成。

2. 液压控制阀的要求

液压系统对各类控制阀的要求是：

1）动作灵敏，使用可靠，工作平稳，冲击和振动要小。

2）油液通过液压阀的压力损失小。

3）阀的密封性能好，泄漏量少。

4）结构简单、紧凑，通用性好；安装、调整和使用方便。

3. 液压控制阀的分类

液压控制阀根据其内在联系、外部特征、结构和用途等方面的不同，进行分类，见表3-2。

表3-2　液压控制阀

分类方法	种类	详细分类
按用途划分	压力控制阀	溢流阀、减压阀、顺序阀、电磁溢流阀、压力继电器等
	流量控制阀	节流阀、调速阀、单向节流阀等
	方向控制阀	单向阀、液控单向阀、换向阀
按操纵方法划分	人力操纵阀	手柄及手轮、踏板、杠杆
	机械操纵阀	挡块、弹簧、气动
	电磁操纵阀	电磁铁控制
	液动操纵阀	利用控制油液的液压油直接推动阀芯
	电液操纵阀	电－液联合控制
按结构形式划分	滑阀	滑阀的阀芯为圆柱形，阀芯上有台肩
	锥阀	锥阀阀芯半锥角一般为 12°～20°，有时为45°
	球阀	球阀的性能与锥阀相同

4. 液压阀按结构形式划分

1. 滑阀

滑阀的阀芯为圆柱形，阀芯上有台肩，阀芯台肩的大小直径分别为 D 和 d；与进出油口对应的阀体上开有沉割槽，一般为全圆周；阀芯在阀体孔内作相对运动，开启或关闭阀口，如图 3-4a 所示。

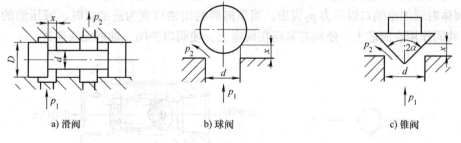

a) 滑阀　　　　　　　　　　b) 球阀　　　　　　　　　　c) 锥阀

图 3-4　阀的结构形式

2. 锥阀

锥阀阀芯半锥角 a 一般为 12°～20°，有时为 45°。阀口关闭时为线密封，不仅密封性好，而且开启阀口时无死区，阀芯稍有位移即开启，动作很灵敏，如图 3-4c 所示。

3. 球阀

球阀的性能与锥阀相同，如图 3-4b 所示。

五、方向控制阀

方向控制阀是利用阀芯和阀体间的相对运动，来控制液压系统中油液流动的方向或油液的通与断。它分为单向阀和换向阀两类。在液压系统中，工作元件的起动、停止和改变运动方向都是利用控制进入工作元件内液流的通断及改变流动方向来实现的。

1. 单向阀

单向阀的作用是控制油液的单向流动。液压系统中对单向阀的主要性能要求是：正向流动阻力损失小，反向时密封性能好，动作敏捷。单向阀按油口通断的方式可分为普通单向阀和液控单向阀两种，如图3-5所示。

a) 普通单向阀　　　　　　　　　　b) 液控单向阀

图 3-5　单向阀

（1）普通单向阀

1）作用：普通单向阀一般简称为单向阀，其符号如图3-6a所示。它的作用是仅允许油液在油路中按一个方向流动，不允许油液倒流，故俗称止回阀或逆止阀。

2）工作原理：由图3-6b可知，单向阀一般由阀套（体）1、阀芯2和弹簧3组成。当液压油从进油口以压力p_1流入阀体时，将克服弹簧3作用在阀芯2上的弹力和阀芯与阀体孔之间的摩擦阻力，推动阀芯向右移动，打开阀口，液压油通过阀芯上的径向孔a和阀向孔b，从阀体右端的出油口以压力p_2流出。当单向阀的出油口变为进油口时，液压油的压力和弹簧力共同作用在阀芯上，使阀芯紧压在阀座上，使阀口关闭，油液无法通过。

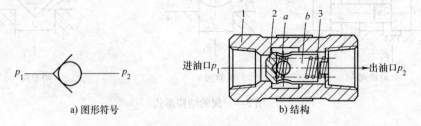

a) 图形符号　　　　　　　　　　　　b) 结构

图 3-6　普通单向阀
1—阀套（体）　2—阀芯　3—弹簧

3）应用：

① 单向阀用于对油缸需要长时间保压、锁紧的液压系统中，也常用于防止立式油缸停止运动时因活塞自重而下滑的回路中。

② 在双泵供油的系统中，低压大流量泵的出口处必设单向阀，以防止高压小流量泵的输出油液流入低压泵内。

③ 单向阀也常安装在泵的出口处，一方面可防止系统中的液压冲击影响泵的工作；另

一方面在泵不正常时可防止系统中的油液灌入油泵。

④ 单向阀还可以在系统中分隔油路，以防止油路间的相互干扰。

⑤ 单向阀也可安装在多执行元件系统的不同油路之间，防止油路间压力及流量的不同而相互干扰；也可在系统中作背压阀用，提高执行元件的运动平稳性；还可以与其他液压阀如节流阀、顺序阀等组合成单向节流阀、单向顺序阀等。

（2）单向阀识图要点　如图3-6a所示中，小圆表示阀芯；90°开口的V形表示阀座，当油液将阀芯推离阀座时，单向阀打开，反向则关闭；两端的实线段表示油路；通常，p_1 表示进油口，p_2 表示出油口。

2. 普通单向阀的故障分析与排除

（1）单向阀内泄漏严重

1）阀座孔与阀芯孔同轴度较差，阀芯导向后接触面不均匀，有部分"搁空"。此时应重新铰、研加工或者将阀座拆出重新压装再研配。

2）阀座压入阀体孔中时产生偏歪或拉毛损伤等。此时应将阀座拆出重新压装再研配或者重新铰、研加工。

3）阀座碎裂。此时应予以更换阀座，并研配阀芯等。

4）弹簧变软。此时应予以更换弹簧。

5）装配时，因清洗不干净，或使用中油液不干净，污物滞留或黏在阀芯与阀座面之间，使阀芯锥面与阀体锥面不密合，造成内泄漏。此时应重新检查、研配、清洗，同时更换干净的液压油。

（2）单向阀外泄漏

1）管式单向阀的螺纹连接处，因螺纹配合不好或螺纹接头未拧紧而产生外泄漏。此时需拧紧接头，并在螺纹之间缠绕聚四氟乙烯胶带密封或用O形密封圈。

2）板式阀的外漏主要发生在安装面及螺纹堵头处，可检查该位置的O形密封圈是否可靠，根据情况予以排除。

3）阀体有气孔砂眼，被液压油击穿造成的外漏，一般要补焊或更换阀体。

（3）不起单向作用

1）滑阀在阀体内咬住。如阀体孔变形、滑阀配合处有毛刺、滑阀变形胀大等情况都会使滑阀在阀体内咬住而不能动作。此时应修研阀座孔、修除毛刺、修研滑阀外径。

2）漏装弹簧或者弹簧折断。此时应补装弹簧或者应更换弹簧。

（4）发出异常的声音

1）液压油的流量超过允许值时，此时应更换流量大的单向阀。

2）与其他阀共振。此时可略微改变阀的额定压力，也可调试弹簧的强弱。

3）在卸压单向阀中，用于立式大油缸等的回路，没有卸压装置。此时应补充卸压装置回路。

提示 ☆☆☆

单向阀中的弹簧主要用来克服阀芯的摩擦力和惯性力，使单向阀灵敏可靠，故弹簧的刚度一般选用较小。若增大弹簧刚度，使单向阀的开启压力达到0.2～0.6MPa时，便可将其装于系统的回油路上作背压阀使用了。

◆ 知识拓展

一、液控单向阀

液控单向阀是一种通入控制液压油后允许油液双向流动的单向阀，其图形符号如图3-7b所示。

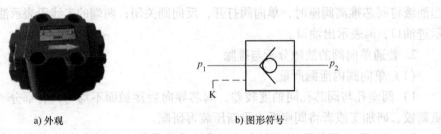

a) 外观　　　　　　　　　　　b) 图形符号

图 3-7　液控单向阀的外观及图形符号

1. 液控单向阀的工作原理

如图 3-8 所示，它由液控装置和单向阀两部分组成，当控制油口 X 未通液压油时，其作用与普通单向阀相同——正向流通，反向截止；当控制油口 X 通入液压油（控制油）后，控制活塞 1 把单向阀的阀芯推离阀座，此时，油液正、反向均可流动。

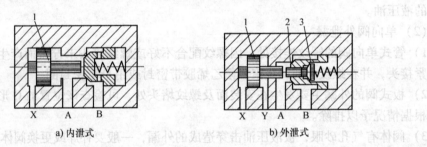

a) 内泄式　　　　　　　　　　b) 外泄式

图 3-8　液控单向阀
1—活塞　2—顶杆　3—阀芯

2. 液控单向阀识图要点

如图 3-7b 所示，实线的矩形边框表示整个阀，小圆表示阀芯；90°开口的 V 形表示阀座，当油液将阀芯推离阀座时，单向阀正向打开，反向则关闭；虚线表示控制油路；矩形边框外部的实线段表示外部油路；通常，p_1 表示正向流动时的进油口，p_2 表示正向流动时的出油口，K 表示控制口；当 K 口通入控制液压油时，油液可双向流动。

3. 实际应用

液控单向阀除了能实现普通单向阀的功能外，还可按需要通入控制液压油，使油液实现双向流动。通过两个液控单向阀可构成锁紧回路，可将液压缸锁紧在任何位置；也可串联在立式液压缸的下行油路上，以防液压缸及其拖动的工作部件因其自重自行下落；也可在执行元件低载高速及高载低速的液压系统中作充液阀；也可用于液压系统保压与泄压。

二、双液控单向阀

（1）工作原理　双液控单向阀又称为双向液压锁。如图 3-9 所示为其结构原理，两个同样结构的液控单向阀共用一个阀体，阀盖上开设 4 个油孔 A、A_1 和 B、B_1。当液压系统一条油路的液流从 A 腔正向进入该阀时，液流压力自动顶开左阀芯 2，使 A 腔与 A_1 沟通，油液从 A 腔向 A_1 腔正向流通。同时，液流压力将中间的控制活塞 3 右推，从而顶开右阀芯 4，使 B 腔与 B_1 腔沟通，将原来封闭在 B_1 通路上的油液经 B 腔排出。反之，液压系统一条油路的液流从 B 腔正向进入该阀时，液流压力自动顶开右阀芯 4，使 B 与 B_1 腔沟通，油液从 B 腔向 B_1 腔正向流通。同时，液流压力将中间的控制活塞 3 左推，从而顶开左阀芯 2，使 A 腔与 A_1 沟通，将原来封闭在 A_1 腔通路上的油液经 A 腔排出。概括起来，双液控单向阀的工作原理是当一个油腔正向进油时，另一个油腔为反向出油，反之亦然。而当 A 腔和 B 腔都没有液流时，A_1 腔与 B_1 腔的反向油液在阀芯锥面与阀座的严格接触下而封闭（液压锁作用）。图 3-10 所示为双液控单向阀的图形符号。

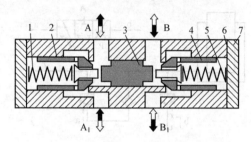

图 3-9　双液控单向阀的结构原理

1—左弹簧　2—左阀芯　3—控制活塞

4—右阀芯　5—右弹簧　6—阀体　7—端盖

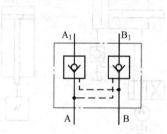

图 3-10　双液控单向阀的图形符号

（2）识图要点　如图 3-10 所示的图形符号，双向液压锁是由两个液控单向复合而成的，每一个液控单向阀的控制口都接在对方进口主油路上。

（3）实际应用　用双向液压锁可以实现执行元件的双向位置锁紧。

三、液控单向阀的应用（见图 3-11）

（1）保持压力　滑阀式换向阀都有间隙泄漏现象，只能短时间保压。当有保压要求时，可在油路上加一个液控单向阀，如图 3-11a 所示，利用锥阀关闭的严密性，使油路长时间的保压。

（2）支撑液压缸　如图 3-11b 所示，液控单向阀接于液压缸下腔的油路，可防止立式液压缸的活塞和滑块等活动部分因滑阀泄漏而下滑。

（3）锁紧液压缸　如图 3-11c 所示，换向阀处于中位时，两个液控单向阀关闭，严密封闭液压缸两腔的油液，这时活塞就不能因外力作用而产生移动。

（4）大流量排油　如图 3-11d 中液压缸两腔的有效工作面积相差很大。在活塞退回时，液压缸右腔排油量骤然增大，此时若采用小流量的滑阀，会产生节流作用，限制活塞的后退速度；若加设液控单向阀，在液压缸活塞后退时，控制液压油将液控单向阀打开，便可以顺利地将右腔油液排除。

（5）作为充油阀 立式液压缸的活塞在高速下降过程中，因高压油和自重的作用，致使下降迅速，产生吸空和负压，必须增设补油装置。如图3-11e所示的液控单向阀作为充油阀使用，以完成补油功能。

（6）组合成换向阀 如图3-11f所示为液控单向阀组合成换向阀的例子，是用两个液控单向阀和一个单向阀组合成的，相当于一个三位三通换向阀的换向回路。

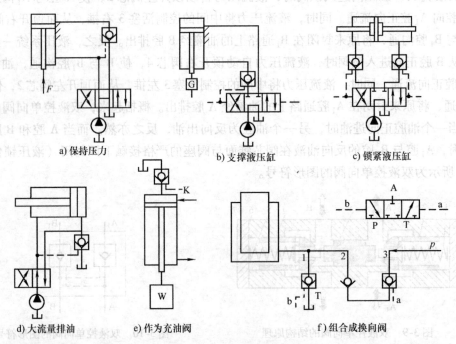

a) 保持压力   b) 支撑液压缸   c) 锁紧液压缸

d) 大流量排油   e) 作为充油阀   f) 组合成换向阀

图 3-11   液控单向阀的用途

四、单体液压支柱的密封

活塞是支柱的活柱体和液压缸之间密封的零件，当支柱受力时承受一定的载荷和弯矩。活塞上装有 Y 形密封圈（Y 形密封圈是单体液压支柱的活柱通过和支柱液压缸密封的关键零件，又是支柱在承载时承压件。同时在支柱回柱时，它又能使支柱的活柱快速回缩而达到回收的目的）、皮碗防挤圈（所谓防挤圈就是指防止密封圈受挤的一个圈。故它在安装时应该放在密封圈的低压一侧）、活塞导向环、O 形密封圈、活塞防挤圈等。它通过活塞连接钢丝与活塞体相连接。活塞起活柱导向和油缸密封作用。活塞根据密封装置形式来选用其结构形式，而密封装置则按工作压力、环境、介质等条件来选定。

密封装置用来防止液压缸中液压油的内、外泄漏，密封的性能将直接影响液压缸的工作性能。根据两个需要密封的表面间有无相对运动，密封分为动密封和静密封两大类。如活塞和活塞杆间、端盖与缸筒间的密封属于静密封，活塞与缸筒内表面、活塞杆与端盖导向孔的密封属于动密封。

对密封装置的要求是：密封性要好，随系统工作压力的提高，能自动提高其密封性能，摩擦阻力小等。常用的密封方法有以下几种：

1. 间隙密封

间隙密封是一种最简单的密封方法，如图 3-12 所示。它依靠两运动件配合面间的微小间隙防止渗漏。为了提高这种结构的密封性能，常在活塞外圆表面上开几道细小的环形槽，以增大油液通过间隙时的阻力，减少泄漏。这种结构的摩擦力小，经久耐用，但对零件的加工精度要求高，且难以完全消除泄漏，只能用在低压小直径的快速液压缸中。

2. 活塞环密封

与发动机中气缸和活塞间的密封一样，将弹性金属开口环装在活塞外表面上的槽内，靠环的弹性使环的外表面紧贴缸筒内壁实现密封，如图 3-13 所示。其密封效果好，适应的压力和温度范围均较宽，能在高速条件下工作，工作可靠、寿命长。但活塞环的加工工艺复杂，缸筒内表面的加工精度要求很高，一般只在高压、高温、高速的条件下采用。

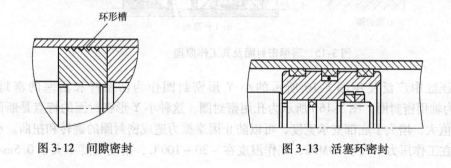

图 3-12 间隙密封　　　　　　　　　　　图 3-13 活塞环密封

3. 密封圈密封

（1）O 形密封圈　O 形密封圈是一种横截面为圆形的密封元件，它具有良好的密封性能，内侧、外侧和端面都能起到密封作用。它结构紧凑，摩擦阻力小，制造容易，装拆方便，成本低，密封性随着油液压力的升高而提高，并且在磨损后具有自动补偿的能力，在液压系统中得到广泛应用。

图 3-14 所示为 O 形密封圈的结构和工作情况。图 3-14a 所示为外形，图 3-14c 所示为装入密封沟槽的情况。δ_1 和 δ_2 为 O 形密封圈装配后的预压缩量。当液压油的压力超过 10MPa 时，O 形密封圈往往易被油液压力挤入间隙被损坏，如图 3-14d 所示，为防止这一现象的发生，应在 O 形密封圈的低压侧安放 1.2~1.5mm 厚的聚四氟乙烯挡圈，如图 3-14e 所示；当双向承受液压油作用时，O 形密封圈两侧均需安置挡圈如图 3-14f 所示。

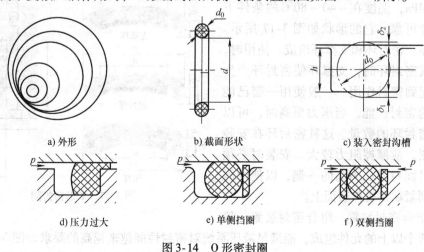

a) 外形　　　　　　　b) 截面形状　　　　　　　c) 装入密封沟槽

d) 压力过大　　　　　e) 单侧挡圈　　　　　　　f) 双侧挡圈

图 3-14 O 形密封圈

（2）唇形密封圈　唇形密封圈如图 3-15 所示，根据截面的形状可分为 Y 形、V 形、U 形、L 形等。它们是依靠密封圈的唇形受油液压力作用后变形，使唇边紧贴密封面而起到密封作用的。油液压力越高，密封性能越好，且磨损后具有自动补偿的能力。而当油液压力降低时，唇边压紧程度也随之降低，从而减少了摩擦阻力和功率消耗。

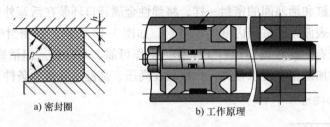

a) 密封圈　　　　　　　　b) 工作原理

图 3-15　唇形密封圈及其工作原理

当前，液压缸中广泛使用图 3-16 所示的小 Y 形密封圈作为活塞杆和活塞的密封。图 3-16a 所示为轴用密封圈，图 3-16b 所示为孔用密封圈，这种小 Y 形密封圈的特点是断面宽度和高度比值大，增大了底部支承宽度，可以防止因摩擦力造成密封圈的翻转和扭曲。小 Y 形密封圈用在工作压力不大于 20MPa，工作温度在 −30 ~ 100℃，滑动速度不大于 0.5m/s 的液压系统中。

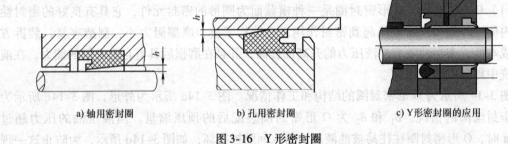

a) 轴用密封圈　　　　b) 孔用密封圈　　　　c) Y形密封圈的应用

图 3-16　Y 形密封圈

（3）V 形密封圈　V 形密封圈在工作压力小于 50MPa，温度在 −40 ~ 80℃ 的条件下工作，非常可靠。它的形状如图 3-17 所示。一般由压环、密封环和支撑环组成。使用时，当压环压紧密封环时，支撑环使密封环产生变形，而起到密封作用。一般使用一套已能保证良好的密封性能。当压力更高时，可以增加中间密封环的数量。这种密封环在安装时要预压紧，故摩擦阻力较大。安装时必须使唇边开口面对着压力高的一侧，以使两唇张开，分别紧贴在机件表面上。

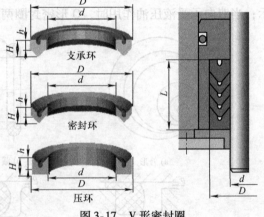

图 3-17　V 形密封圈

（4）组合密封装置　组合密封装置一般由两个或两个以上的元件组成，能满足液压系统对密封性能越来越高的要求。图 3-18a 所示为 O 形密封圈与截面为矩形的聚四氟乙烯塑料滑环组成的组合密封装置。其中滑环 2 紧贴密封面，O 形密封圈 1 为滑环提供弹性预压力。在液压油压力为零时即形成了密封。从图中可以看出，组成密封接触面的是滑环，而不是 O 形密封圈，因此摩擦阻力小且比较稳定。作为往复运动的密封时，速度可达 15m/s。矩形滑环组合密封的缺点是抗侧倾力较差，安装不够方便。图 3-18b 所示为由支承环 3 和 O 形密封圈组成的轴用组合密封。支承环与被密封件 4 之间形成狭窄的环带密封面，密封效果好。

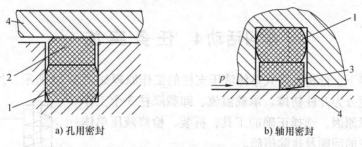

a) 孔用密封　　　　　　　　　b) 轴用密封

图 3-18　组合密封装置

1—O 形密封圈　2—滑环　3—支承环　4—被密封件

组合密封装置充分发挥了橡胶密封圈和滑环（支承环）的长处，因此工作可靠，摩擦小且稳定，寿命比普通橡胶密封提高了几十倍，已得到了日益广泛的应用。

对于活塞杆外伸部分来说，由于它很容易把脏物带入液压缸，使油液受污染，使密封件磨损，因此常需在活塞杆密封处增添防尘密封圈，并放在向着活塞杆外伸的一端，如图 3-19 所示。

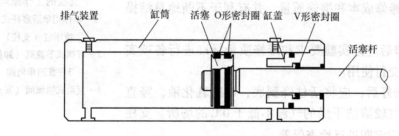

图 3-19　密封圈的安装形式

学习活动 3　制订工作计划

根据任务要求，结合现场勘查掌握的实际情况，将工序、工期及所需工具、材料填写到表 3-3、表 3-4 中。

表 3-3　工序及工期安排

序号	工作内容	完成时间	备注

表 3-4 工具、材料清单

序号	名称	型号规格	单位	数量

学习活动 4   任 务 实 施

在教师指导下，分析外注式单体液压支柱的工作原理如图 3-20 所示。外注式单体液压支柱的工作原理分为升柱初撑、承载溢流、卸载降柱 3 个工作过程。查找故障原因。选择正确的工具，拆装、检修液压单体支柱，记录存在的问题及排除措施。

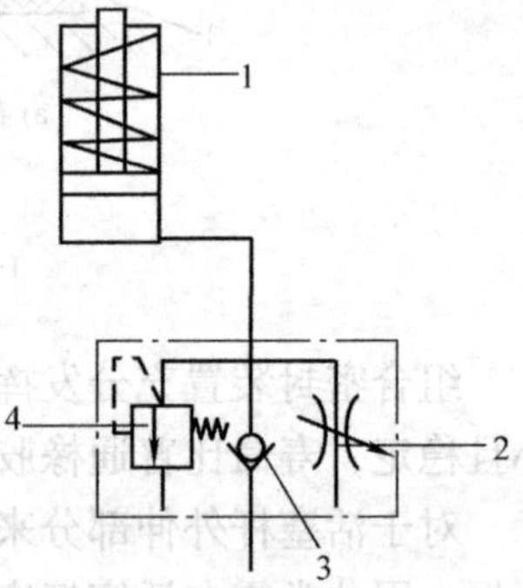

一、维修注意事项

1）维修场地应清洁。零部件需经汽油清洗干净后再装配，严格防止污物进入支柱内腔。因为污物是破坏密封、造成泄漏的主要因素。

2）每根支柱都应建立维修卡备查。每次检修时，均应详细记录故障情况、损坏零部件及检修工时等项目内容，以便统计支柱修复率、维修成本和维修质量，并有利于不断地总结提高维修水平。

3）支柱维修后应按实验要求和维修质量标准进行各项实验，合格后方可交付使用。

4）支柱维修好后，应将活柱降到底，放净乳化液，竖直靠放，存放于空气较清洁干燥的气温不低于 0℃ 的场所。支柱除日常维护外，应定期进行检查保养。

图 3-20   外注式单体液压
支柱的工作原理
1—单作用单活塞杆式推力
液压缸（支柱）
2—可调式节流阀（卸载阀）
3—普通单向阀
4—直动式溢流阀（安全阀）

二、操作步骤

1）分析液压回路图，选用、准备液压元件。

2）清洗所有零部件。

3）原则上应更换安全阀垫、单向阀座、卸载阀垫、Y 形密封圈、防尘圈、导向环，以及所有 O 形圈；应通过检查，根据其完好程度确定是否更换。

4）更换所有磨损和损坏的零件。

5）重新组装，进行规定的各项实验。

6）检测合格后交付验收。

三、自检提示

按油路图从泵端开始，逐段核对油管及元件连接处是否正确，有无漏接、错接之处。检查油管和元件连接处是否符合要求，压接是否牢固，以避免带负载运转时产生漏油现象。

学习活动 5　总结与评价

参照表 1-4 进行综合评价。

课后思考

（一）填空题

1. 各种液压控制阀的基本组成都是由_____、_____和_____三部分组成。

2. 液压控制阀按用途可分为_____、_____和_____三种。

3. 单向阀的作用是控制油液的单向流动，按油口通断方式可分为_____和_____两种。

4. 普通单向阀一般简称为单向阀，它的作用是仅允许油液在油路中按_____流动，不允许油液_____，故俗称止回阀或逆止阀。

5. 液控单向阀是一种通入控制液压油后允许油液_____的单向阀，它由液控装置和_____两部分组成。

（二）选择题

液控单向阀既可以对反向液流起截止作用且密封性好，又可以在一定条件下允许正反向液流自由通过，故多用于（　　）。

A. 液压系统的保压或锁紧回路中　　　　　　　B. 液压系统的锁紧回路中

C. 液压系统的保压或锁紧回路中，也可用作蓄能器供油回路的充液阀

D. 只作蓄能器供油回路的充液阀

（三）判断题（正确的打"√"，错误的打"×"）

（　　）1. 液压控制阀在液压系统中不做功，只对执行元件起控制作用。

（　　）2. 单向阀的作用是控制油液的流动方向，连通或关闭油路。

（　　）3. 液控单向阀也可以作为保压阀来使用。

（　　）4. 由于液控单向阀的密封性好，可以使执行元件长期锁紧。

（　　）5. 普通单向阀不仅允许油液在油路中按一个方向流动，而且允许油液倒流。

（　　）6. 单向阀也常安装在泵的出口处，在泵不工作时可防止系统中的油液倒灌入泵。

（　　）7. 液控单向阀既对反向液流起截止作用且密封性好，又可以在一定条件下允许正反向液流自由通过，故多用于液压系统保压或锁紧回路中，也可用做蓄能器供油回路充液阀。

（四）简答题

1. 画出普通单向阀和液控单向阀的图形符号。

2. 简述单向阀的工作原理。

学习任务四

平面磨床工作台换向控制
回路的安装与检修

 学习目标:

1. 能通过阅读工作任务单和故障现象,接受维修任务,并明确任务要求。
2. 掌握换向阀的工作原理,能够分析平面磨床的换向结构、控制方法。
3. 能识读、分析平面磨床工作台换向控制回路原理图,初步判定故障原因。
4. 能识别和选用液压元件,按图样、工艺要求、安全规程等要求,安装液压系统油路。
5. 能分析油路安装的正确性,按照安全操作规程通电试验,完工后按照要求清理现场。

 工作情景描述:

平面磨床(M7130型)如图4-1所示,它是机械加工中常用的一种精加工机床,在机械生产企业的机加车间或其他企业机修车间,一般都配置平面磨床(所谓磨床,简单地说,就是利用磨具对工件表面进行磨削加工的机床)用于磨削刀具或工件。

图4-1 平面磨床实物

学习活动1　明确工作任务

某机械厂根据生产需要，购置两台磨床，但使用不久即发现故障，工作台不换向。急需检修，以满足磨削平面生产的需要，要求在规定期限内完成检修，并交付有关人员验收。

按照机械生产企业规定，从生产主管处领取生产任务单（见表1-1）并确认签字。

学习活动2　学习相关知识

◆ 引导问题

1. 平面磨床主要由哪几部分构成？
2. 按操纵方法划分，换向控制阀的种类有哪些？
3. 简述电磁换向阀的工作原理。
4. 方向控制阀的种类有哪些？本次任务使用的方向阀有哪些？
5. 请说出电液换向阀的工作原理。
6. 简述 DSG-03-2B2-DL 型电磁换向阀的原理和作用。它在油路中的符号怎么表示？

◆ 咨询资料

一、平面磨床的相关资料

平面磨床主要由机身、磁盘、滑动座、滑动座挡板、砂轮、立柱、电动机、供水系统、液压系统等所组成。

1. 机身

机身是支撑整台机器、机械部分运动的平台，是机床的重要组成部分，平面磨床除了供水系统不是安装在机身上之外，其余的所有组件都是安装在机身上，机身的大小、重量将直接影响整台机器的平稳性，这对平面磨床来讲是至关重要的。

2. 磁盘

它是平面磨床的主要部件，因为磨床的加工对象主要为钢材，这样，利用磁盘磁性吸铁的特性，就可以把工件紧紧固定在磁盘上，不用再进行其他复杂的装夹，从而可大大提高工件的"装夹"速度。所以它是磨床的必须配置的主要部件。磁盘有两种，一是永磁性磁盘，只要改变 N、S 两极的位置就可以达到吸紧和松开的功能，应用得较多，缺点是吸力不够大，通常在小型平面磨床上使用。另一种是电磁盘，它是通过电能转变成磁能的一种工具，利用通电与断电来达到吸紧和松开的功能。它的吸力是很大的，常在大型平面磨床上使用，缺点是当忽然停电时，会因为惯性而打爆砂轮，打飞工件，甚至会伤到操作员。

3. 滑动座

滑动座是能够让工件做水平往复运动的平台，也是对工件进行磨削的动力，它能否运动平稳顺畅将直接影响加工表面的质量、平面度、直线度和尺寸控制的精度等。滑动座作为水平往复运动的动力有两种，一种是手动，是通过人力摇动手柄来带动滑动座运动的，通常在小平面磨床上使用；另一种是机动，是通过机械动力来带动的，可以做自动往复运动和自动纵向进给运动，通常在大平面磨床上使用。

4. 滑动座挡板

它是与滑动座连在一起的，严格上讲，它是滑动座的一个结构部位，不是一个部件。它的作用是，当工件因为在磨削力太大超过磁盘吸力而飞出时挡住工件，不让工件飞出伤人或其他周边设备。一般平面磨床上必须有这个结构。

5. 砂轮

这是磨床进行磨削加工的磨具，相当于铣床上的刀具，它是磨床上的主要部件之一，它的大小、磨粒尺寸，将直接影响加工工件的表面质量、平面度、直线度和尺寸的精度，所以对砂轮的选择是一项非常重要的任务。

6. 立柱

立柱用来调节砂轮高低上下运动的支架，也是砂轮座运动的轨道。

7. 电动机

电动机提供砂轮运转的动力，在加工时它是跟这砂轮同步升降的。

8. 供水系统

在进行磨削加工时，因为砂轮高速旋转磨掉钢材时会产生很高的温度，当工件磨削完成时，有时烫得让你不敢去碰，这样可能会使工件变形，进而影响工件的精度。再者，在加工时灰尘很大，既影响了加工的环境，伤害了周边的设备，也损害了操作员的身体健康。所以要进行水磨，就是一边加水，一边磨削，让灰尘被水冲跑而无法飞扬，解决了上述所讲的各项缺点，所以它也是平面磨床必备的组件之一。

9. 液压系统

液压系统可以实现工作台的往复运动，可以实现磨头横向进给运动在工作台换向时同时完成。机床停歇时，液压系统卸载，为机床每个润滑部位提供润滑油。

二、方向控制阀

1. 换向阀

换向阀是通过阀芯对阀体的相对运动，即改变两者的相对位置，使油路接通、关闭或变换油路方向，从而实现液压执行元件及其驱动机构的起动、停止或改变运动方向。液压系统对换向阀性能的要求是：油液流经换向阀时压力损失小，互不相通的油口间泄漏量少，换向要求平稳迅速且可靠。

（1）工作原理　换向阀的结构和工作原理及图形符号：换向阀的作用是利用阀芯在阀体内作轴向移动，改变阀芯和阀体间的相对位置，来变换油液流动的方向及接通或关闭油路，从而控制执行元件的换向、起动和停止。图4-2所示的二位四通电磁换向阀由阀体1、复位弹簧2、阀芯3、电磁铁4和衔铁5组成。阀芯能在阀体孔内自由滑动，阀芯和阀体孔都开有若干段环形槽，阀体孔内的每段环形槽都有孔道与外部的相应阀口相通。

（2）结构　滑阀式换向阀一般由阀体、阀芯和控制阀芯运动的操纵机构组成。

1）阀体：阀体常用生铁或铝合金浇注而成，阀体内除制有供阀芯滑动的内圆柱孔外，还在孔内制有多道环形槽，并在阀体上开有多个攻有螺纹的通口，以与外面的油管连接。

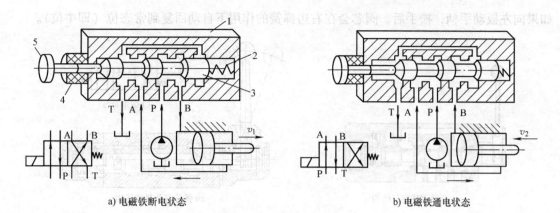

a) 电磁铁断电状态   b) 电磁铁通电状态

图 4-2　换向阀的工作原理
1—阀体　2—复位弹簧　3—阀芯　4—电磁铁　5—衔铁

2）阀芯：阀芯是一根制有两个以上的轴环的台阶轴，各个轴环的直径相同，它们与阀体的内孔构成动配合，但间隙极小。阀芯相对于阀体的运动需要由外力操纵来实现。

（3）操纵机构　常用操纵机构的图形符号见表 4-1。

表 4-1　常用操纵机构的图形符号

手柄式	机械控制式			单作用电磁铁	加压或卸压控制
	顶杆式	滚轮式	弹簧式		

1）手动换向阀。手动换向阀是利用手扳动杠杆来改变阀芯和阀体的相对位置，实现换向的。图 4-3 所示为三位四通手动换向阀的外形，图 4-4 所示为其结构及图形符号。

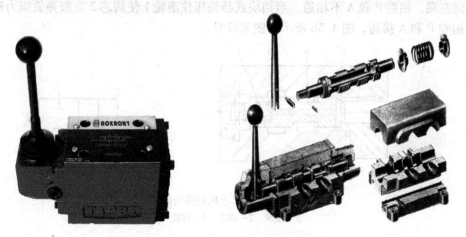

图 4-3　三位四通手动换向阀实物

手柄有三个位置，对应于阀芯对阀体的三个位置。图 4-4a 所示为弹簧钢球定位结构。扳动手柄后，手柄不会自动回到常态位，需要再扳回来。图 4-4b 所示为弹簧自动复位结构，如果向左扳动手柄，松手后，阀芯会在右边弹簧的作用下自动回复到常态位（即中位）。

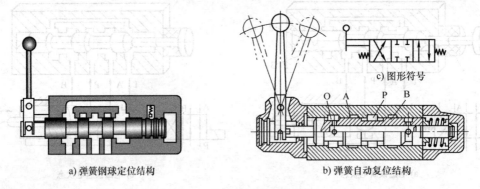

a) 弹簧钢球定位结构　　　　　　　　b) 弹簧自动复位结构

c) 图形符号

图4-4　三位四通手动换向阀

① 识图要点：如图4-4c所示的图形符号，正方形表示阀的工作位置，有几个正方形表示有几"位"，工作位置中的"位"并不代表阀芯的实际位置；正方形内的箭头表示油路处于接通状态，但箭头方向不一定表示液流实际方向；正方形内符号"⊥"或"⊤"表示该通路不通；外部连接的接口数有几个，就表示几"通"。

手动换向阀识图要点如下：

主体部分为三位四通；控制方式是手动，图4-4a为钢球定位，图4-4b为弹簧自动复位；中位机能是 O 型。

② 实际应用：弹簧复位型手动换向阀适用于换向动作频繁、工作持续时间短的工程机械液压系统中。钢球定位型可用于工作持续时间较长的场合，如机床、液压机、船舶等。

2）机动换向阀。机动换向阀又称为行程阀，它是利用安装在液压设备运动部件上的撞块或凸轮推动阀芯运动来进行换向的。它必须安装在液压缸的附近，其结构简单，动作可靠，换向精度较高。图4-5a所示为滚动轮式二位二通机动换向阀。在图示位置，阀芯被弹簧3压向左端，油腔 P 和 A 不相通。当挡块或凸轮压住滚轮1使阀芯2克服弹簧阻力移到右端时。油腔 P 和 A 接通。图4-5b所示为图形符号。

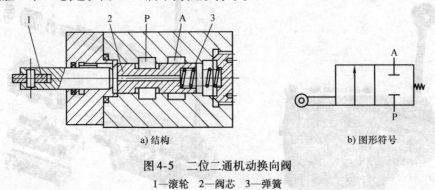

a) 结构　　　　　　　　　　　　　　b) 图形符号

图4-5　二位二通机动换向阀
1—滚轮　2—阀芯　3—弹簧

① 识图要点：如图 4-5b 所示，主体部分是二位二通；控制方式是机动控制，弹簧复位。

② 实际应用：机动换向阀结构简单，换向时阀口逐渐关闭或打开，故换向平稳、可靠、位置精度高，但它必须安装在运动部件附近，一般油管较长。常用于控制运动部件的行程，

或快、慢速度的转换。

3）电磁换向阀。电磁换向阀又称为电磁阀，它是利用电磁铁的通电吸合与断电释放直接推动阀芯换位来控制液流方向的换向阀。图 4-6 所示为三位四通换向阀的外形。图 4-7 所示为三位四通电磁换向阀的结构与图形符号，阀的两端各有一个电磁铁和对中弹簧。阀在常态位时，阀体两端的电磁铁均不通电，阀芯只受两端的弹簧力作用。当右端的电磁铁通电吸合时，衔铁通过推杆将阀芯推向左端，换向阀在右位

图 4-6　三位四通 O 形电磁换向阀的外形

工作，即液压油从 P 口经 B 口流入工作元件，工作元件的回油从 A 口经 T 口流回油箱。当左端电磁铁吸合时，衔铁通过推杆将阀芯推向右端，换向阀在左位工作，即液压油从 P 口经 A 口流入工作元件的另一腔，回油从 B 口经 T 口流回油箱，工作元件反向运动。电磁铁的吸力有限，只适用于小流量的换向阀，阀的流量一般在 60L/min 以下，因为在流量大时，作用在阀芯上的液动力也大。

① 识图要点：图 4-7b 中主体部分是三位四通；控制方式是电磁控制，弹簧复位；中位机能是 O 型。

② 实际应用：在各种滑阀式换向阀中，电磁换向阀的应用最为普通，通过电磁铁的通断电直接控制阀芯移动，实现液压系统中液流的通断和方向变换，可以操纵各种执行元件的动作，液压系统的卸荷、升压、多执行元件间的顺序动作控制等。使用电磁换向阀的液压系统及其主机，自动化程度高，操纵控制方便。

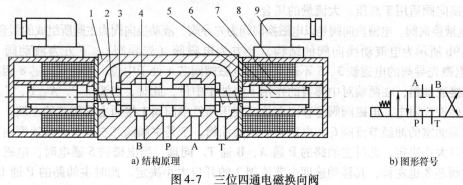

a) 结构原理　　　　　　　　　　　　　　　　　b) 图形符号

图 4-7　三位四通电磁换向阀

1—阀体　2—弹簧　3—弹簧座　4—阀芯　5—线圈　6—衔铁　7—隔套　8—壳体　9—插头组件

4）液动换向阀。液动换向阀是利用控制油路的液压油直接推动阀芯来改变阀芯位置的换向阀。图 4-8a 所示为三位四通液动换向阀的外观，图 4-8b、c 所示为其结构和图形符号。当控制油路的液压油从控制油口 K_2 进入阀体右腔时，阀体左腔接通 K_1 回油，液压油推动阀芯向左移动，阀芯处于右位工作。此时，油口 P 和油口 B 接通。系统的液压油从 P 口经 B 口流入工作元件，工作元件回油腔中的油液从油口 A 回经油口 T 流回油箱。当控制油路中的液压油从油口 K_1 进入阀体左腔时，阀体右腔接通 K_2 回油，阀芯处于左位工作。系统的液压油从油口 P 经油口 A 流入工作元件，工作元件的回油腔中油液从油口 B 经油口 T 流回油箱，使工作元件的运动换向。当油口 K_1 和 K_2 都无液压油通入时，阀芯在两端弹簧的作用下，回到常态位（即中位），此时，油口 P、T、A、B 互不相通，处于锁闭状态。液动换向阀控制油路的换向需要用另外一个小的换向阀来对油口 K_1 和 K_2 的供油进行切换。因此，液

动换向阀常与其他控制方式的换向阀结合使用。液动换向阀由于对阀芯的推力大且可靠，故常用在流量较大的场合。

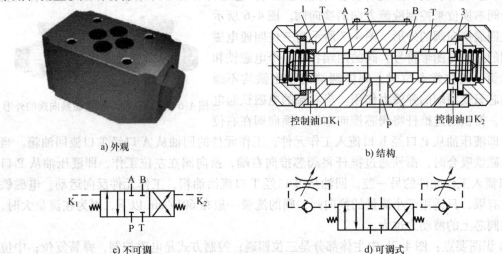

图 4-8　三位四通液动换向阀

1、3—控制腔　2—阀芯

① 识图要点：如图 4-8c 所示，主体部分为三位四通；控制方式为液动，弹簧复位；中位机能为 O 型。

② 实际应用：液动换向阀由液压驱动阀芯移动，由于液压驱动力可产生较大的推力，因此液动换向阀适用于高压、大流量的场合。

5）电液换向阀。电液换向阀是以电磁换向阀为先导阀、液动换向阀为主阀所组成的组合阀。

图 4-9b 所示为电液动换向阀的结构，上方为电磁阀（先导阀），下方为液动阀（主阀）。当电磁先导阀的电磁铁 3、5 不通电时，电磁阀阀芯 4 处于中位，液动阀阀芯 8 因其两端油室都接通油箱，在两端对中弹簧的作用下也处于中位，此时，四油口 P、A、B、T 互不相通。电磁铁 3 通电，电磁阀阀芯移向右位，液压油经单向阀 1 接通主阀阀芯的左端，而主阀阀芯右端油室的油经节流阀 6 和电磁阀后接通油箱，于是主阀阀芯右移，右移速度由节流阀 6 的开口大小决定，此时主油路的 P 通 A，B 通 T。同理，当电磁铁 5 通电时，电磁阀芯左移，主阀芯 8 也左移，其移动速度由节流阀 2 的开口大小决定，此时主油路的 P 通 B，A 通 T。电液动换向阀的图形符号如图 4-10 所示。

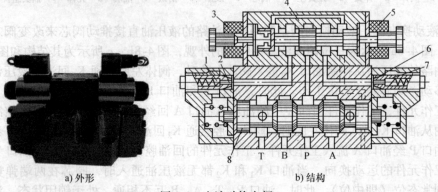

图 4-9　电液动换向阀

1、7—单向阀　2、6—节流阀　3、5—电磁铁　4—电磁阀阀芯　8—液动阀阀芯（主阀芯）

① 识图要点：如图 4-10b 所示，主体部分是三位四通；控制方式为电液动控制，弹簧复位；中位机能为 O 型；图中虚线表示控制油路或泄油路。

② 实际应用：电液动换向阀综合了电磁和液动阀的优点，具有控制方便、流量大的特点，应用非常广泛。

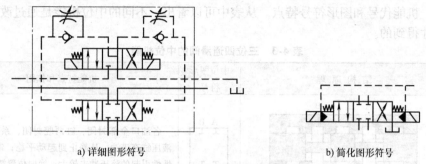

a) 详细图形符号　　　　　　　　　　b) 简化图形符号

图 4-10　电液动换向阀的图形符号

常用滑阀式换向阀主体部分的结构形式和图形符号见表 4-2。

表 4-2　常用滑阀式换向阀主体部分的结构形式和图形符号

名称	结构原理	图形符号	图形符号的含义
二位二通			
二位三通			（1）用方框表示阀的工作位置，有几个方框就表示有几"位" （2）方框内的箭头表示油路处于接通状态，但箭头方向不一定表示液流的实际方向 （3）方框内符号"⊤"或"⊥"表示该通路不通 （4）方框外部连接的接口数有几个，就表示几"通" （5）一般，阀与系统供油路连接的进油口用字母 P 表示，阀与系统回油路连通的回油口用 T（有时用 O）表示；而阀与执行元件连接的油口用 A、B 等表示。有时在图形符号上用 L 表示泄漏油口
二位四通			
二位五通			
三位四通			
三位五通			

2. 三位四通换向阀的中位机能

三位四通换向阀处于中位（常态位）时，各油口间有各种不同的连接方式，以满足不同的使用要求。这种常态位时各油口的连通方式，称为三位四通换向阀的中位机能。中位机能不同，中位时对系统的控制性能也就不同。表4-3列出了常见的几种三位四通阀的中位机能的结构、机能代号和图形符号特点。从表中可以看出，不同的中位机能是通过改变阀芯的形式和尺寸得到的。

表4-3 三位四通滑阀的中位机能

机能代号	结 构 原 理	中位图形符号	机能特点和作用
O		A B P T	各油口全部封闭，缸两腔封闭，系统不卸荷，液压缸充满油，从静止到起动平稳；制动时运动惯性引起的液压冲击较大；换向位置精度高
H		A B P T	各油口全部连通，系统卸荷，缸呈浮动状态，液压缸两腔接油箱，从静止到起动有冲击；制动时油口互通，故制动较O型平稳，但换向位置变动大
P		A B P T	液压油口P与缸两腔连通，回油口封闭，可形成差动回路；从静止到起动较平稳；制动时缸两腔均通液压油，故制动平稳；换向位置变动比H型的小，应用广泛
Y		A B P T	液压泵不卸荷，缸两腔通回油，缸呈浮动状态，由于缸两腔接油箱，从静止到起动有冲击，制动性能介于O型与H型之间
K		A B P T	液压泵卸荷，液压缸一腔封闭，一腔接回油，两个方向换向时性能不同
M		A B P T	液压泵卸荷，缸两腔封闭，从静止到起动较平稳；制动性能与O型相同；可用于液压泵卸荷，液压缸锁紧在液压回路中

三、电磁换向阀的故障分析与排除

使用和安装电磁换向阀时应注意以下几点：

1）在选用电磁换向阀时，首先要注意电磁换向阀的种类，是交流还是直流，电压大小，安装尺寸，电磁换向阀吸力的大小及行程长短等。

2）电磁换向阀的安装应保持轴线呈水平方向，不允许倾斜或垂直方向安装。

3）二位二通电磁换向阀机能分常开和常闭两种。如想改变原来的机能，只要将阀芯换一头安装即可。通径为 10mm 的电磁换向阀没有二位二通电磁换向阀品种。装二位三通电磁换向阀堵住 A、B 油口中的任意一个即成二为二通电磁换向阀。要注意 T 油口仍要接回油箱。二位二通电磁换向阀的 L 油口和二位三通电磁换向阀的 T 油口均为外泄油口，应直接接回油箱。

4）通径为 10mm 的电磁换向阀有两个 T 油口，使用时可任选一个。

5）电磁铁电压的波动量，允许为额定电压的 90% ~ 105%。

6）电磁换向阀的工作介质推荐采用 YA—N46 抗磨液压油，油温在 10 ~ 65℃。液压系统应具备有过滤精度不低于 $30\mu m$ 的过滤器。

7）管接头连接处禁止用油漆、麻丝等包裹螺纹，可采用管道聚四氟乙烯密封带。

8）电磁换向阀的安装位置应保证两端有足够大的空间，以便采用手动操纵电磁铁或更换电磁铁。

9）电磁换向阀应用规定的螺钉安装在连接底板上，不允许用管道支持阀门。

10）连接底板与阀结合面的表面粗糙度应保证规定的技术要求以上，平面度应小于 0.1mm。

11）产品应在规定的技术条件下工作，以确保产品的正常工作。

12）双电电磁换向阀的两个电磁铁不能同时通电，在设计液压设备的电控系统时应使两个电磁铁的动作互锁。

13）选用电磁换向阀时，要根据所用的电源、使用寿命、切换频率、安全特性等选用合适的电磁铁。

14）换向阀的回油管应低于油箱液面以下。

15）对于湿式电磁换向阀的电磁铁导磁腔的油液压力不能超过 6.3MPa，否则易使底板起翘，影响密封。

16）在进口设备上使用的电磁换向阀，电磁铁的使用电压往往与国内的不同，使用时应予以注意。

◆ **知识拓展**

一、油管和管接头

油管（图 4-11）和管接头（图 4-12）在液压系统中承担着连接油泵、工作元件、控制阀等液压元件的作用，使它们形成一个完整的液压系统。通过合理选择油管内径，使油液在其中作层流流动，以减小油液流动中的压力损失。油管和管接头应有足够的强度、良好的密封性、无泄漏、压力损失小、装拆方便。

1. 油管

液压系统中使用的油管，即油管的种类和适用场合见表4-4。

图 4-11　油管

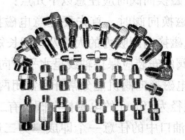

图 4-12　管接头

表4-4　油管的种类和适用场合

种类		特点和适用场合
硬管	钢管	耐油、耐高压、强度高、工作可靠，但装配时不便弯曲，常在装拆方便处用作压力管道。中压以上用无缝钢管，低压用焊接钢管
	纯铜管	价高，承受能力低（6.5~10MPa），抗冲击和振动能力差，易使油液氧化，但易弯曲成各种形状，常用在仪表和液压系统不便装配处
软管	塑料管	耐油、价低、装配方便，长期使用易老化，只使用于压力低于0.5MPa的回油管或泄油管
	尼龙管	乳白色，透明，可观察流动情况，价格低，加热后可随意弯曲、扩口、冷却后定形，安装方便，承受能力因材料而异（2.5~8MPa），今后有扩大使用的可能
	橡胶管	用于相对运动间的连接，分为高压和低压两种。高压软管由耐油橡胶夹几层钢丝编织网（层数越多耐压越高）制成，价格高，用于压力管路。低压软管由耐油橡胶夹帆布制成，用于回油管路

2. 管接头

管接头是油管与油管、油管与液压元件间的可拆卸的连接件。液压系统中油液的泄漏多发生在管路的接头处，在强度足够的条件下，管接头必须能在振动，压力冲击下保持管路的密封性，在高压处不能向外泄漏，在有负压的吸油管路上不允许空气向内渗入。液压系统中常用的管接头见表4-5。

表4-5　液压系统中常用的管接头

名称	结构简图	特点和说明
焊接式管接头	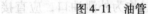	1. 连接牢固，利用球面进行密封，简单可靠 2. 焊接工艺必须保证质量，必须采用厚壁钢管，拆装不便
卡套式管接头	卡套　油套	1. 用卡套卡住油管进行密封，轴向尺寸要求不严，装拆简便 2. 对油管径向尺寸精度要求较高，为此要求采用冷拔无缝钢管

（续）

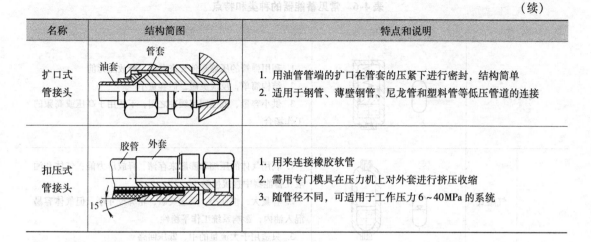

名称	结构简图	特点和说明
扩口式 管接头		1. 用油管管端的扩口在管套的压紧下进行密封，结构简单 2. 适用于钢管、薄壁钢管、尼龙管和塑料管等低压管道的连接
扣压式 管接头		1. 用来连接橡胶软管 2. 需用专门模具在压力机上对外套进行挤压收缩 3. 随管径不同，可适用于工作压力 6～40MPa 的系统

二、蓄能器

在液压系统中，蓄能器用来储存和释放液体的压力能。它的基本作用是：当系统压力高于蓄能器内液体的压力时，系统中的液体充进蓄能器中，直至蓄能器内、外压力保持相等；反之，当蓄能器内液体的压力高于系统压力时，蓄能器中的液体将流到系统中去，直到蓄能器内、外压力平衡，如图 4-13 所示。

图 4-13　蓄能器

1. 蓄能器的功用

蓄能器作为一种储能元件，它有几方面的用途：

（1）作辅助动力源　对于短时间内需大量液压油的液压系统，采用蓄能器可辅助供油以减少油泵的流量，从而减少电动机的功率消耗。当工作元件暂停时，油泵输出的液压油进入蓄能器储存起来。当工作元件快速运动需要大流量的油液时，油泵的额定流量不能满足要求，此时，蓄能器中的液压油便被释放出来，与油泵的流量一起进入工作元件，满足快速的要求。

（2）作应急动力源　有的液压系统，当停电或油泵损坏时，不能向系统正常供油，而执行元件又应继续完成必要的动作。这时，蓄能器便将储存的液压油释放出来，短时间内维持系统中有一定的压力。

（3）保证补漏　若系统中液压缸在长时间内保压而无动作，这时可令油泵卸荷，用蓄能器保压并补充系统的泄漏。

（4）吸收系统的压力脉动，缓和液压冲击　液压系统中，齿轮泵、叶片泵、柱塞泵均会产生流量和压力的脉动，若在脉动源处设置蓄能器，则可以减少脉动的程度。特别是液压控制阀的突然关闭或转向，液压缸的起动和制动时，系统中会出现液压冲击，产生振动。若在液压冲击源附近设置蓄能器，可吸收这种冲击，使冲击压力的幅值大大减少。

2. 蓄能器结构

蓄能器有弹簧式和充气式两大类，常见蓄能器的种类和特点见表 4-6。

表4-6　常见蓄能器的种类和特点

名　称		结构简单	特点和说明
弹簧式			1. 利用弹簧的压缩和伸长来存储、释放压力能 2. 结构简单，反应灵敏，但容量小 3. 供小容量、低压回路缓冲之用，不适用于高压或高频的工作场合
充气式	气瓶式		1. 利用气体的压缩和膨胀来存储、释放压力能；气体和油液在蓄能器中直接接触 2. 容量大，惯性小，反应灵敏，轮廓尺寸小，但气体容易混入油内，影响系统工作平稳性 3. 只适用于大流量的中、低压回路
	活塞式		1. 利用气体的压缩和膨胀来存储、释放压力能；气体和油液在蓄能器中由活塞隔开 2. 结果简单、工作可靠、安装容易、维护方便，但活塞惯性大，活塞和缸壁之间有摩擦，反应不够灵敏，密封要求较高 3. 用来存储能量，或供中、高压系统吸收压力脉动之用
	皮囊式		1. 利用气体的压缩和膨胀来存储、释放压力能；气体和油液在蓄能器中由皮囊隔开 2. 带弹簧的进油阀使油液能进入蓄能器但防止皮囊充气时打开，蓄能器工作时则关闭 3. 结构尺寸小、质量小、安装方便、维护容量，皮囊惯性小，反应灵敏；但皮囊和壳体制造都比较难 4. 折合型皮囊容量较大，可用来存储能量；波纹型皮囊适用于吸收冲击

3. 蓄能器的安装和使用

蓄能器在液压回路中的安装位置，根据使用的目的不同而不同，吸收液压冲击或压力脉动时，放在冲击或脉动源附近；补油保压时，放在尽可能接近相关执行元件处。除此之外，安装时还需注意以下几点：

1）气囊式蓄能器中应使用惰性气体（一般为氮气）。蓄能器绝对禁止使用氧气，以免引起爆炸。

2）蓄能器是压力容器，搬运和拆装时应将充气阀打开，排出充入的气体，以免因振动或碰撞而发生意外事故。

3）应将蓄能器的油口向下竖直安装，且有牢固的固定装置。

4）液压泵与蓄能器之间应设置单向阀，以防止液压泵停止工作时，蓄能器内的液压油向液压泵中倒流；应在蓄能器与液压系统的连接处设置截止阀，以供充气、调整或维修时使用。

5）蓄能器的充气压力应为液压系统最低工作力的90%，但不能低于最高工作压力的25%；而蓄能器的容量可根据其用途不同而定，可参考相关液压系统设计手册来确定。

6）不能在蓄能器上进行焊接、铆接及机械加工。

7）不能在充油状态下拆卸蓄能器。

8）蓄能器属于压力容器，必须有生产许可证才能生产，所以一般不要自行设计、制造蓄能器，而应该选择专业生产厂家的定型产品。

三、过滤器

1. 过滤器的功用和类型

液压系统中的故障约有75%以上是与油液的污染有关的。清除油液中的固体颗粒，使油液保持清洁，可延长元件寿命，保证液压系统工作可靠。能完成这一个任务的就是过滤器。

对过滤器的基本要求是：

1）有足够的过滤精度。

2）有足够的过滤能力。

3）有一定的机械强度。

4）抗腐蚀性能好，并能在规定的温度下持久地工作。

5）滤芯便于洗清、更换和拆装。

过滤器按滤芯的材料、过滤的机制可分为表面型、深度型和吸附型三类，常见过滤器的类型和特点见表4-7。

表4-7 常见过滤器的类型和特点

类型	名称及结构简图	特点说明
表面型	网式滤油器	1. 过滤精度与铜丝网层数及网孔大小有关。在压力管路上常采用100、150、200网目的铜丝网，在液压泵吸油管路上常用20～40网目的铜丝网 2. 压力损失不超过0.004MPa 3. 结构简单，通流能力强，清洗方便，但过滤精度低
	线隙式滤油器	1. 滤芯由绕在芯架上的一层金属线组成，依靠线间微小间隙来挡住油液中杂质的通过 2. 压力损失为0.03～0.06MPa 3. 结构简单，通流能力强，过滤精度高，但滤芯材料强度低，不易清洗 4. 用于低压管道中，当用在液压泵吸油管上时，它的流量规格宜选得比泵大

（续）

类型	名称及结构简图	特 点 说 明
深度型	纸芯式滤油器 A—A	1. 结构与线隙式相同，但滤芯为平纹或波纹的酚醛树脂或木浆微孔滤纸制成的纸芯。为了增大过滤面积，纸芯常拆叠 2. 压力损失为 0.01～0.04MPa 3. 过滤精度高，但堵塞后无法清洗，必须更换纸芯 4. 通常用于精过滤
	烧结式滤油器	1. 滤芯由金属粉末烧结而成，利用金属颗粒间的微孔来挡住油中杂质通过。改变金属粉末的颗粒大小，就可以制出不同过滤精度的滤芯 2. 压力损失为 0.03～0.2MPa 3. 过滤精度高，滤芯能承受高压，但金属颗粒易脱落，堵塞后不易清洗 4. 适用于精过滤
吸附型	磁性滤油器	1. 滤芯由永久磁铁制成，能吸住油液中的金属屑、金属粉或带磁性的磨料 2. 常与其他形式滤芯合起来制成复合式滤油器 3. 对加工钢铁件的机床液压系统特别适用

2. 过滤器的选用

在为液压系统选择过滤器时，应先了解系统的工作环境、使用的液压油的黏度、油液在管道中的流动等参数。同时还要注意以下几点：

1）过滤器的过滤精度应满足系统对油液的要求。

2）过滤器在较长的时间内能保持标称的通流能力，即有较长的寿命。

3）滤芯应有足够的强度，不会因油液的压力作用而损坏。

4）滤芯抗腐蚀性能好，在规定的温度下能持久工作。

5）滤芯的清洗，更换要方便。

综合考虑了上面这些因素后，便可按过滤精度、通流能力、工作压力、油液黏度、工作温度等条件来选定滤油器的型号和规格了。

3. 过滤器的安装

1）安装在液压泵的吸油管路上，避免较大杂质颗粒进入液压泵，保护液压泵。

2）安装在液压泵的吸油管路上，保护液压泵以外的液压元件。

3）安装在回油管路上，过滤回油箱的油液。

4）安装在辅助泵输油管路上，不断净化系统中的油液。

5）安装在支路上。

学习活动3　制订工作计划

根据任务要求，结合现场勘查掌握的实际情况，将工序、工期及所需工具、材料填写到表（参照表3-3、表3-4）中。

学习活动 4　任 务 实 施

在教师指导下，选择正确的工具，在液压演示台上连接磨床的液压系统，并检验其动作是否正常，记录存在的问题及排除措施。

平面磨床工作台换向常见故障分析：

根据平面磨床工作台的工作要求是运动方向发生改变（往复运动），平面磨床工作台液压换向控制回路一般都采用三位四通电磁换向阀来控制换向。平面磨床工作台一般出现的故障是反向失灵及超程问题（工作台不换向，工作台超越工作行程撞断工作台面支架。不仅影响生产，同时对操作人员也很不安全）。解决故障的方法是根据故障现象及损坏情况进行维修或更换换向阀。

根据平面磨床工作台液压控制回路，列出、认识、准备需要的液压元件，根据任务要求，在上述分析基础上，在液压试验台上进行模拟实验。连接平面磨床工作台控制回路，查找故障原因，证明分析正确，如图 4-14 所示。

一、操作步骤

1）分析液压回路图（见图 4-15），选用、准备液压元件。

2）定位液压元件，安装液压元件时操作要规范。

3）安装液压系统，在液压演示台连接油路并检验分析故障。

4）检查各油口的连接情况。

5）通电试车、检测、排除故障。

6）交付验收。

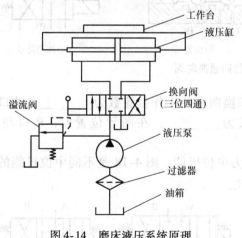

图 4-14　磨床液压系统原理

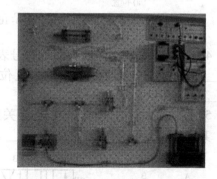

图 4-15　液压演示台连接油路实物

二、液压演示台安装工艺要求

1）安装液压回路时，首先要根据回路要求将各元件依次按照顺序，按照从上至下的原则有序地卡在安装板上。

2）连接油管接头时，需要将锁紧套和接头体连接紧密。

3）先将阀体安装在安装板上，然后再将油管接头与阀体相连。

4）连接好油管接头与阀体后，应仔细检查是否连接可靠。

5）安装完毕后应仔细检查回路连接是否正确，特别是各阀口的进出油口有油管及液压缸的连接是否正确。只有经检查正确无误后才可以开启液压泵向液压系统供油。

三、自检提示

按油路图从泵端开始，逐段核对油管及元件连接处是否正确，有无漏接、错接之处。检查油管和元件连接处是否符合要求，压接是否牢固，以避免带负载运转时产生漏油现象。

学习活动5　总结与评价

参照表1-4进行综合评价。

 课后思考

（一）填空题

1. 电磁换向阀又称为电磁阀，它是利用电磁铁的＿＿＿＿＿与＿＿＿＿＿直接推动＿＿＿＿＿来控制液流方向的换向阀。

2. 液压控制阀按用途可分为＿＿＿＿＿、＿＿＿＿＿和＿＿＿＿＿三种。

3. 图4-16中，当换向阀处于图4-16a所示位置时，A口与P口＿＿＿＿＿，当处于图4-16b所示位置时，A口与P口＿＿＿＿＿。

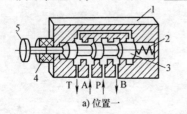
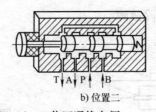

a) 位置一　　　　　　　　b) 位置二　　　　　　　c) 图形符号

图4-16　二位四通换向阀

4. 图4-17所示的换向阀图形符号表示该换向阀的工作位置数为＿＿＿＿＿，油口数为＿＿＿＿＿，操纵方式为＿＿＿＿＿，复位方式为＿＿＿＿＿，在图示位置时，P口与T口＿＿＿＿＿，A口与B口＿＿＿＿＿。

5. 三位换向阀中位时，油口连接关系称为中位机能。图4-18是不同中位机能的换向阀。其中，a为＿＿＿＿＿，b为＿＿＿＿＿，c为＿＿＿＿＿。

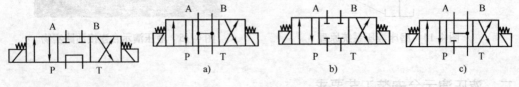

　　　　　　　　　　　　　　a)　　　　　　　　b)　　　　　　　　c)

图4-17　换向阀　　　　　　　图4-18　换向阀中位机能

6. 换向阀的操纵方式有＿＿＿＿＿、＿＿＿＿＿、＿＿＿＿＿、＿＿＿＿＿等。

7. 换向阀的图形符号中用＿＿＿＿＿＿表示阀的工作位置，箭头表示油路处于的＿＿＿＿＿＿。

8. 换向阀按阀的结构形式可分为＿＿＿＿＿、＿＿＿＿＿锥阀式。

9. 方向控制阀是利用＿＿＿＿＿和＿＿＿＿＿间的相对运动，它分为＿＿＿＿＿和＿＿＿＿＿两类。

（二）选择题

1. 在用一个液压泵驱动一个执行元件的液压系统中，采用三位四通换向阀使泵卸荷，应选用（　　）型中位机能。

　　A.“M”　　　　　　　　B.“Y”　　　　　　　　C.“P”

2. 用三位四通换向阀组成的卸荷回路，要求液压缸停止时两腔不通油，该换向阀中位机能应选取（　　）型。

　　A.“M”　　　　　　　　B.“Y”　　　　　　　　C.“P”

3. 当三位四通换向阀在中位时，要求工作台用手摇，液压泵可卸荷，则换向阀应选用滑阀机能为（　　）型。

　　A.“P”　　　　　　　　B.“Y”　　　　　　　　C.“H”

4. 当三位四通换向阀处于中位时，（　　）型中位机能可实现液压缸的锁紧。

　　A.“O”　　　　　　　　B.“H”　　　　　　　　C.“Y”

5. 当三位四通换向阀处于中位时，（　　）型中位机能可实现液压缸的差动连接。

　　A.“O”　　　　　　　　B.“Y”　　　　　　　　C.“P”

6. 以下各阀中不属于方向控制阀的是（　　）。

　　A. 液动换向阀　　　　B. 液控单向阀　　　　C. 液控顺序阀　　　D. 普通单向阀

7. 都是方向控制阀的一组是（　　）。

　　A. 液控单向阀、机动换向阀、液压控制阀

　　B. 单向阀、液控单向阀、机动换向阀、液动换向阀

　　C. 单向阀、液控单向阀、液压泵、液动换向阀

　　D. 液压缸、液控单向阀、机动换向阀、液动换向阀

（三）判断题（正确的打“√”，错误的打“×”）

（　　）1. 液压控制阀在液压系统中不做功，只对执行元件起控制作用。

（　　）2. 三位五通阀3个工作位置、5个通路。

（　　）3. 闭锁回路属于方向控制回路，可采用滑阀机能为O型或M型连接的阀来实现。

（　　）4. 液动换向阀是利用电磁铁的通电或断电直接推动阀芯来改变阀芯位置的。

（　　）5. 在换向阀的图形符号中，方框内符号“⊥”表示该通路不通。

（　　）6. 一般阀与系统供油路连接的进油口用字母T表示。

（　　）7. 常闭式二位二通换向阀是指在常态下油路是通的。

（　　）8. 在液压系统中，利用控制阀进入工作元件内液流的通断及改变流动方向来实现工作元件的起动、停止和改变运动方向。

（　　）9. 机动换向阀是利用安装在液压设备运动部件上的撞块或凸轮推动阀芯运动来进行换向的。它必须远离液压缸的安装。

（四）简答题

1. 按操纵方法划分，液压控制阀可分为哪几类？

2. 图 4-19 所示为液压单向阀的换向回路。液控单向阀在回路中主要起平衡作用,防止活塞在下行过程中由于活塞自重原因造成下行时不稳定。液控单向阀是如何实现上述功能的呢?该回路又是怎样实现活塞上行和下行的?

3. 画出单向阀、液控单向阀、二位二通换向阀、二位四通换向阀的图形符号。

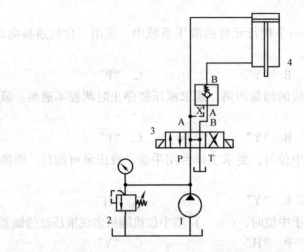

图 4-19　液控单向阀的换向回路

学习任务五

数控车床工件夹紧回路的安装与检修

 学习目标:

1. 能通过阅读工作任务单和现场勘察，明确任务要求。
2. 掌握溢流阀、减压阀的结构、工作原理及图形符号。
3. 了解溢流阀、减压阀在液压系统回路中的正确应用。
4. 熟悉数控车床卡盘夹紧回路及简单的压力控制回路。
5. 能识别和选用液压元件，按图样的技术要求，安装液压元件，连接液压回路。
6. 能按照安全操作规程正确通电试车，出现故障能及时解决处理。完工后按照要求清理施工现场。

 工作情景描述:

随着科学技术的发展，数控车床以其广泛的加工工艺性能、高精度、高效率的自动化，已经得到了广泛的应用。如图5-1所示为一台数控车床，该数控车床在加工工件时，工件的夹紧是由如图5-2所示的夹紧装置——液压卡盘来完成的。当液压缸右腔输入液压油后，活塞向箭头所示方向运动，并通过摇臂使卡爪向中心运动，从而夹紧放在卡爪中的工件。为了保证加工安全，液压系统必须能够提供稳定的工作压力以便夹紧工件，且压力大小可调。

图 5-1　数控车床

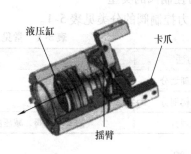

图 5-2　液压卡盘

学习活动1 明确工作任务

某工厂一台数控车床工作时工件夹不紧，无法正常工作，现需对这一故障进行维修。因此，本次的任务是掌握数控车床工件液压夹紧回路的工作原理，对这一故障现象进行分析，解决并恢复该车床卡盘的夹紧功能。

按照机械生产企业规定，从生产主管处领取生产任务单（见表1-1）并确认签字。

学习活动2 学习相关知识

◆ **引导问题**

1. 数控车床有哪些加工工艺性能？
2. 本次任务对液压卡盘的控制要求是怎样的？
3. 压力控制阀是如何进行分类的？
4. 简述直动式溢流阀、减压阀的工作原理。
5. 简述溢流阀与减压阀的区别。
6. 详细说明液压卡盘夹紧控制回路的工作原理。

◆ **咨询资料**

一、数控车床加工工艺性能及液压卡盘的控制要求

数控车床、加工中心，是一种高精度、高效率的自动化机床。配备多工位刀塔或动力刀塔，机床就具有广泛的加工工艺性能，可加工直线圆柱、斜线圆柱、圆弧和各种螺纹、槽、蜗杆等复杂工件，具有直线插补、圆弧插补各种补偿功能，并在复杂零件的批量生产中发挥了良好的经济效果。

二、控制阀

压力控制阀是用来在液压系统中控制油液的压力高低，或利用压力的变化实现某种动作的阀。

1. 压力控制阀的类型

常见压力控制阀的分类见表5-1。

表5-1 常见压力控制阀的分类

分类方法	种类
按工作原理划分	直动式、先导式
按阀芯结构划分	滑阀、球阀、锥阀
按功能划分	溢流阀、减压阀、顺序阀、压力继电器、电磁溢流阀、叠加阀

2. 溢流阀

溢流阀在系统中的作用是使被控制的系统或回路的压力保持恒定，实现稳压、调压和限

压的作用，防止系统过载。

（1）溢流阀的应用　溢流阀在液压系统中特别重要。溢流阀常应用在下面几个方面：

1）稳压作用。如图 5-3a 所示为一定量泵供油系统，与执行机构油路并联一个溢流阀，在进油路上设置节流阀，使泵油的一部分进入液压缸工作，而多余的油必须经溢流阀流回油箱，溢流阀处于其调定压力下的常开状态，溢流阀起稳压作用。调节弹簧的压紧力，也就调节了系统的工作压力。因此，在这种情况下，溢流阀的作用即为调压溢流。

2）过载保护。如图 5-3b 所示为一个变量泵供油系统，执行机构油路并联了一个溢流阀，起到了防止系统过载的安全保护作用，又称为安全阀。此阀的阀口在系统正常工作情况下是常闭的。在此系统中，液压缸需要的流量由变量泵本身调节，系统中没有多余的油液，系统的工作压力取决于负载的大小。只有当系统的压力超过溢流阀的调定压力时，溢流阀的阀口才打开，使油溢回油箱，保证系统的安全。

3）远程调压。如图 5-3c 所示为在先导式溢流阀的外控口 K 处连接一个远程调压阀 1（即一个直动式溢流阀）。这相当于使阀 2 除自身先导阀外，又加接了一个先导阀，调节后便可对阀 2 实现远程调压。显然，远程调压阀 1 所能调节的最高压力不得超过溢流阀 2 自身先导阀的调定压力。

4）使泵卸荷。采用先导式溢流阀调压的定量泵系统，当阀的外控口 K 与油箱连通时，其主阀芯在进口压力很低时即可迅速抬起，使泵卸荷，以减少能量损耗。图 5-3d 中，当电磁铁通电时，溢流阀外控口通油箱，因而能使泵卸荷。

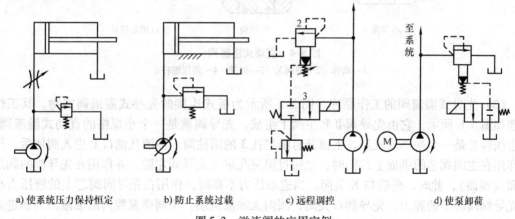

a）使系统压力保持恒定　　b）防止系统过载　　c）远程调控　　d）使泵卸荷

图 5-3　溢流阀的应用实例

（2）直动式溢流阀的工作原理　图 5-4 所示为直动式溢流阀。它由阀体 1、锥阀芯 2、弹簧 3 和调压螺杆 4 组成。液压油从进油口 P 进入阀体后，直接作用在阀芯锥面上的力为 pA（A 为进油口横截面积），阀芯上端同时也作用着弹簧力 F。若 $pA < F$，则锥阀被压在阀座上，无油液从 T 口流出，随着系统压力的升高，若 $pA > F$，则推开阀芯使阀口打开，油液就从进油口 P 流入，从回油口 T 流回油箱，使进油压力不会继续升高。当通过溢流阀的压力变化时，阀口的开度即弹簧压缩量也随之改变。实际上弹簧压缩量的变化很小，可以认为阀芯在液压力和弹簧力的作用下保持平衡，即溢流阀进口处的油液压力基本保持为定值。若用直动式溢流阀控制较高压力或较大流量时，需用刚度较大的硬弹簧，结构尺寸也将较大，调节困难，油的压力和流量的波动也较大。因此直动式溢流阀一般只用于低压小流量处。系统压力较高时采用先导型溢流阀。

① 识图要点：图 5-4c 所示，方框表示阀体，方框中的箭头表示阀芯；正方形外部的实线段表示外部油路，从进油口引出的虚线表示控制油路；正方形内部箭头与外部油路不共线，表示常闭；右侧实折线表示弹簧；山表示油箱。

② 实际应用：直动式溢流阀的特点是结构简单，灵敏度高，制造容易，成本低。但油液压力直接依靠弹簧力来平衡，所以压力稳定性较差，动作时有振动和噪声。此外，系统压力较高时，要求弹簧刚度大，使阀的开启性能变坏。所以直动式溢流阀只用于低压小流量液压系统，或作为先导阀使用，其最大调整压力为 2.5MPa。

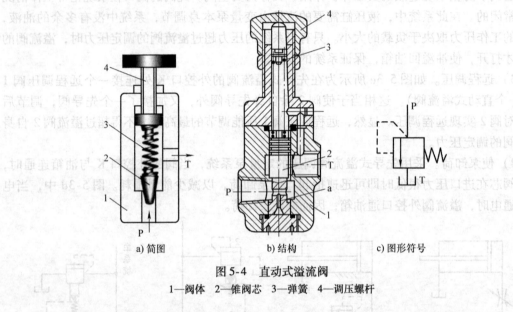

a) 简图　　　　　　　　　b) 结构　　　　　　　　c) 图形符号

图 5-4　直动式溢流阀
1—阀体　2—锥阀芯　3—弹簧　4—调压螺杆

（3）先导式溢流阀的工作原理　图 5-5 所示为板式连接的先导式溢流阀实物。其工作原理如图 5-6 所示，它由先导阀Ⅱ和主阀Ⅰ组成，先导阀就是一个小规格的直动式溢流阀，而主阀阀芯是一个端部成锥形、上面开有阻尼孔 3 的圆柱筒。油液从油口 P 进入阀体后，压力作用在主阀阀芯的锥面上的同时，也通过阻尼孔进入先导阀左腔，并作用在先导阀的阀芯上面（锥面），此时，外腔口 K 关闭。当进油压力不高时，作用在先导阀阀芯上的液压力小于先导阀阀芯上的弹力，先导阀口关闭，阀内无油液流动，主阀弹簧腔内的油液压力和进油压力相等。主阀阀芯被弹簧压在阀座上，主阀口也关闭，溢流阀不溢流。当进油的压力升高，高到作用在先导阀阀芯上的力能克服先导阀的弹力时，先导阀芯被液压力推动右移，打开了先导阀阀口，主阀弹簧腔中的油液经先导阀口，阀体上的溢流通道和回油口 T 流回油箱。主阀弹簧腔中的油液通过先导阀口流动，那么在主阀阀芯上的阻尼小孔 3 中也有油液在流动，由于 3 孔径小，流经 3 孔时便有压力损失，所以使主阀弹簧腔中的油液压力小于主阀阀芯锥形面上的压力。这个压力差大到克服作用在主阀阀芯上的弹力时，主阀阀芯上移，使进油口与回油口相通，达到溢流稳压的作用。调节先导阀的调压螺钉，可调整溢流压力。

① 识图要点：图 5-6b 所示为先导型溢流阀的符号。表示液压▶先导控制，其他的识图要点与直动式溢流阀图形符号相同。倾斜的箭头表示开启压力可调节。虚折线表示溢流阀阀口的开、关是由进油压力控制的，虚直线表示先导阀的外控口，一般情况堵住不用，只有在远程调压时才使用。

② 实际应用：先导式溢流阀的调压弹簧不必很强，因此压力调整比较轻便，控制压力较高。先导式溢流阀克服了直动式溢流阀的缺点，具有压力稳定、波动小的特点，主要用于中、高压液压系统。但是先导式溢流阀只有导阀和主阀都有动作后才能起控制作用，因此反应不如直动式溢流阀灵敏。

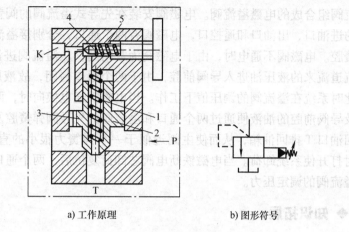

图 5-5　先导式溢流阀

a) 工作原理　　　　b) 图形符号

图 5-6　先导式溢流阀

1—主阀弹簧　2—主阀芯　3—阻尼孔　4—先导阀　5—调压弹簧

（4）电磁溢流阀的工作原理　如图 5-7 所示，电磁溢流阀在工作原理上，一般由先导式溢流阀加上一个二位二通电磁阀组成。

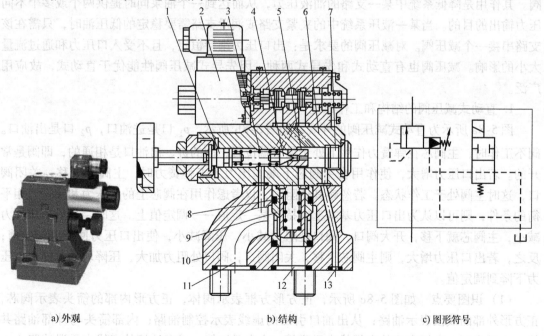

a) 外观　　　　　　　　　　b) 结构　　　　　　　　　c) 图形符号

图 5-7　电磁溢流阀的结构

1—弹簧座　2—电磁先导阀　3—调压弹簧　4—锥阀　5—锥阀座　6—阀盖　7—螺塞
8—阀芯　9—阀套　10—阀体　11—溢流口 T　12—进油口 P　13—外控口 K

这个电磁阀实际上由两部分组成：二位二通的液压阀部分，加上一个电磁铁。二位二通阀是开通，还是关闭，是由电磁铁推动阀芯运动来实现的。有的阀电磁铁通电时打开，有的阀电磁铁断电时打开，也就说，电磁铁可以让先导式溢流阀的某个部位或者与油阀的某个部位相连，另一头通过油管与油箱相连。通过操作电磁铁可以让先导式溢流阀的某个部位或者与油阀相通，或者不与油箱相通。该阀具有溢流阀的全部作用，并且可以通过电磁阀的通、断电，实现液压系统的卸荷或多级压力控制。如图5-7所示为二位二通电磁阀和两节同心溢流阀组合成的电磁溢流阀。电磁阀安装在先导式溢流阀的阀盖6上。P、T、K分别为溢流阀的进油口、出油口和遥控口，电磁阀有两个通口，分别接溢流阀的主阀弹簧腔、和导阀的弹簧腔。电磁阀不通电时，由于电磁阀为常闭阀，从溢流阀进油口P经阻尼口、主阀弹簧腔、流道流来的液压油进入导阀前腔，由于两个通口封闭，故液压油不能经过电磁阀而被堵住，此时系统在溢流阀的调压值下工作。当电磁阀通电换向时，两个通口连通，进入主阀弹簧腔及导阀前腔的油液便通过两个通口和溢流阀的先导阀弹簧腔及主阀体上的左流道，经主阀的回油口T排回油箱，从而使主阀近似于一个弹簧力很小的直动式溢流阀，主阀在极低压力时打开使系统卸荷。当电磁铁断电阀芯卸荷复位后，两个通口重新被封闭，系统便又升压至溢流阀的调定压力。

◆ 知识拓展

一、减压阀及减压回路

减压阀是一种利用油液流过缝隙产生压力损失，使其出口压力低于进口压力的压力控制阀。其作用是降低系统中某一支路的油液压力，从而达到一个油泵同时提供两个或多个不同压力输出的目的。当某一液压系统中的夹紧支路或润滑支路需要稳定的低压油时，只需在该支路串接一个减压阀。对减压阀的要求是：出口压力维持恒定，且不受入口压力和通过流量大小的影响。减压阀也有直动式和先导式两种，因先导式减压阀性能优于直动式，故应用广泛。

1. 直动式减压阀的结构和工作原理

图5-8a所示为直动式减压阀的外观，如图5-8b所示，p_1口是进油口，p_2口是出油口。阀不工作时，主阀芯在弹簧力作用下处于最下端位置，阀的进、出油口是相通的，即阀是常开的。若出口压力增大，使作用在主阀芯下端的压力大于弹簧力时，主阀芯上移，关闭阀口，这时主阀处于工作状态。若忽略其他阻力，仅考虑作用在阀芯上的液压力和弹簧力相平衡的条件，则可以认为出口压力基本上维持在某一定值——调定值上。这时，如果出口压力减小，主阀芯就下移，开大阀口，阀口处阻力减小，压降减小，使出口压力回升到调定值；反之，若出口压力增大，则主阀芯上移，关闭阀口，阀口处阻力加大，压降增大，使出口压力下降到调定值。

（1）识图要点　如图5-8c所示，正方形方框表示阀体，正方形内部的箭头表示阀芯，正方形外部的线段表示油路；从出油口引出的虚线表示控制油路；内部箭头与外部油路共线，表示常开；方框右边的实折线表示弹簧；山表示油箱；通向油箱的虚线表示泄油路。

（2）实际应用　直动式减压阀结构简单，只用于低压系统或用于产生低压控制油液，其性能不如先导式减压阀。

2. 先导式减压阀的结构和工作原理

图5-9a所示为其外观。图5-9b为其结构。它由先导阀和主阀两部分组成，先导阀调

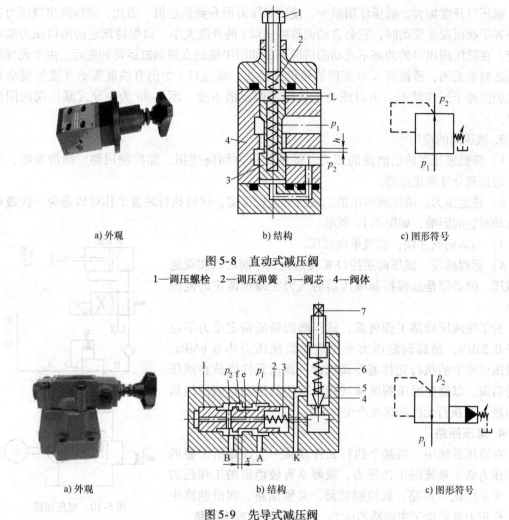

图 5-8　直动式减压阀
1—调压螺栓　2—调压弹簧　3—阀芯　4—阀体

图 5-9　先导式减压阀
1—主阀芯　2—主阀阀体　3—主阀弹簧　4—锥阀　5—先导阀阀体
6—调压弹簧　7—调压螺母　e—轴心孔　f—减压节流口　K—泄漏口　x—高度差

压，主阀减压。当阀不工作时，即进油口 A 无液压油流入，先导阀阀芯被弹簧压紧在阀座上，主阀阀芯被弹簧推向最左位置。此时，减压节流口 f 的开度 x 最大。当压力为 p_1 的液压油从阀体进油口 A 进入减压阀内，经减压口 f 减压压力降为 p_2 后，经出油口 B 流出。同时，减压后的油液经主阀阀芯上的径向孔和轴向孔流向主阀阀芯的左、右两腔，并以出口压力 p_2 作用在先导阀的阀芯锥面上。当出口压力 p_2 未达到规定值时，先导阀关闭。主阀阀芯两端的液压油压力相等，均等于 p_2，主阀阀芯被弹簧推向最左的位置，减压口 f 的开度 x 为最大，减压作用最小，阀的状态与无油进入的状态相同，称为非工作状态。当出口压力 p_2 升高并超过先导阀的调定值时，先导阀阀芯被推离阀座，主阀芯弹簧腔内的油液经阀口由泄漏口 K 直接流回油箱。由于主阀芯上的轴向小孔 e 的直径很小，油液在其中流动时阻力较大，压降也较大，于是主阀芯两端便产生了压力差，当这压力差大到能克服主阀弹簧的阻力时，便推着主阀芯向右移动，使减压口 f 的开度 x 减小，油液流经减压口时压降增加，引起出口处油压 p_2 降低，直到与先导阀的调定压力相等。反之，若出口压力 p_2 小于调定值，主阀左移，减压口开度加大，减压作用减少，使出口压力回升到调定值。因此，减压阀出口压力若因外界干扰而发生变动时，它会自动调整减压口 f 的开度大小，以保持调定的出口压力基本不变。在减压阀出口的油路不流动的情况下，如所串接的支路油缸运动到底后，由于先导阀的阀芯尚未关闭，泄油经 K 口流回油箱仍未停止，减压口 f 中仍有油液流动（流量很小），阀就仍然处于工作状态，出口压力也就保持调定值不变。图 5-9c 为先导式减压阀的图形符号。

3. 减压阀的应用

1）降低液压泵输出油液的压力，供给低压力回路使用，如控制回路，润滑系统，夹紧、定位和分度装置回路。

2）稳定压力。减压阀输出的二次压力比较稳定，供给执行装置工作可以避免一次液压油波动对它的影响，如图 5-10 所示。

3）与单向阀并联，实现单向减压。

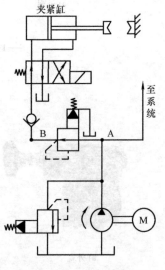

图 5-10　减压回路

4）远程减压。减压阀遥控口 K 接远程调压阀可以实现远程减压，但必须是远程控制减压后的压力在减压调定的范围之内。

为了使减压回路工作可靠，减压阀的最低调定压力不应小于 0.5MPa，最高调定压力至少应比系统压力小 0.6MPa。当减压回路中的执行元件需要调速时，调速元件应放在减压阀的后面，以避免减压阀泄漏（指由减压阀泄油口流回油箱的油液）对执行元件的速度产生影响。

4. 减压回路

在液压系统中，当某个执行元件或某一支油路所需要的工作压力低于系统的工作压力，或要求有较稳定的工作压力时，可采用减压回路。如控制油路、夹紧油路、润滑油路中的工作压力常需低于主油路的压力，因而常采用减压回路。

图 5-10 是夹紧机构中常用的减压回路，回路中串联一个减压阀，使夹紧缸能获得较低而又稳定的夹紧力。减压阀的出口压力可以从 0.5MPa 至溢流阀的调定压力范围内调节，当系统压力有波动时，减压阀出口压力可稳定不变。图中单向阀的作用是当主系统压力下降到低于减压阀调定压力（如主油路中液压缸快速运动）时，防止油倒流，起到短时保压作用，使夹紧缸的夹紧力在短时间内保持不变。为了确保安全，夹紧回路中常采用带定位的二位四通电磁换向阀，或采用失电夹紧的二位四通电磁换向阀换向，防止在电路出现故障时松开工件出现事故。

5. 减压阀与溢流阀的区别（见表 5-2）

表 5-2　减压阀与溢流阀的区别

项目 类别	减压阀	溢流阀
工作原理	利用出口油液压力 p_2 控制减压口的开度大小，维持出口油液压力不变	利用进口油液压力 p_1 控制溢流口的开度大小，维持进口压力不变

（续）

类别 项目	减压阀	溢流阀
静止状态	进、出油口互通	进、出油口不通
出口油压	出口油液压力大于零，作为支路动力油	出口油液直接流回油箱，压力为零
先导式结构	先导阀弹簧腔内的油液单独外接油箱	先导阀弹簧腔内的油液可以通过阀体上的通道与主阀溢流通道接通，不单独接油箱

二、顺序阀及顺序动作回路

顺序阀是利用油路中压力的变化控制阀口启闭，以实现执行元件顺序动作的液压元件。其结构与溢流阀类同，也分为直动式和先导式两种。一般先导式用于压力较高的场合。

1. 直动式顺序阀的工作原理与结构特点

图 5-11a 所示为直动式顺序阀的结构。它由螺堵 1、下阀盖 2、控制活塞 3、阀体 4、阀芯 5、弹簧 6 等零件组成。当其进油口的油压低于弹簧 6 的调定压力时，控制活塞 3 下端油液向上的推力小，阀芯 5 处于最下端位置，阀口关闭，油液不能通过顺序阀流出。当油口油压达到弹簧调定压力时，阀芯 5 抬起，阀口开启，液压油即可从顺序阀的出口流出，使阀后的油路工作。这种顺序阀利用其进油口压力控制，称为普通顺序阀（也称为内控式顺序阀），其图形符号如图 5-11b 所示。由于阀出油口接压力油路，因此其上端弹簧处的泄油口必须接一油管通油箱，这种连接方式称为外泄式。

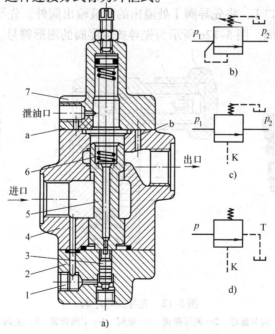

图 5-11　直动式顺序阀
a）结构　b）、c）、d）图形符号
1—螺堵　2—下阀盖　3—控制活塞　4—阀体　5—阀芯　6—弹簧　7—上阀盖

若将下阀盖 2 相对于阀体转过 90°或 180°，将螺堵 1 拆下，在该处接控制油管并通入控制油，则阀的启闭便可由外供控制油控制。这时即成为液控顺序阀，其图形符号如图 5-11c 所示。若再将上端盖 7 转过 180°，使泄油口处的小孔 a 与阀体上的小孔 b 连通，将泄油口用螺堵封住，并使顺序阀的出油口与油箱连通，则顺序阀就成为卸荷阀。其泄漏油可由阀的出油口流回油箱，这种连接方式称为内泄。卸荷阀的图形符号如图 5-11d 所示。

顺序阀常和单向阀组合成单向顺序阀、液控单向阀等使用。直动式顺序阀设置控制活塞的目的是缩小阀芯受油压作用的面积，以便采用较软的弹簧来提高阀的压力——流量特性。直动式顺序阀的最高工作压力一般在 8MPa 以下，先导式顺序阀其主阀弹簧的刚度可以很小，故可省去阀芯下面的控制柱塞，不仅启闭特性好，且工作压力也可大大提高。

（1）识图要点　如图 5-11b 所示，正方形方框表示阀体，正方形内部的箭头表示阀芯，正方形外部的线段表示外部油路；通常，p_1 表示进油口，接一次压力，p_2 表示出油口，接二次压力；从进油口引出的虚线表示内部油路控线，不是从进油口引出的虚线表示外部油控线；内部箭头与 p_1、p_2 油路不共线，表示常闭；方框外部的实折线表示弹簧；通向油箱的虚线表示泄油路。

（2）实际应用　直动式顺序阀结构简单、动作灵敏，但由于弹簧设计的限制，尽量采用小直径控制活塞结构，弹簧刚度仍较大，故调压偏差较大，限制了压力的提高，因而直动式顺序阀多应用于低压系统，用以实现多个执行元件的顺序动作。

2. 先导式顺序阀（见图 5-12a）

图 5-12b 所示为先导式顺序阀的结构。其工作原理与先导式溢流阀相似，所不同的是先导式顺序阀的出油口 p_2 通常与另一工作油路连接，该处油液为具有一定压力的工作油液，因此需设置专门的泄油口 L，将先导阀 I 处溢出的油液输出阀外。先导式顺序阀的阀芯启闭原理与先导式溢流阀相同。图 5-12c 所示为先导式顺序阀的图形符号。

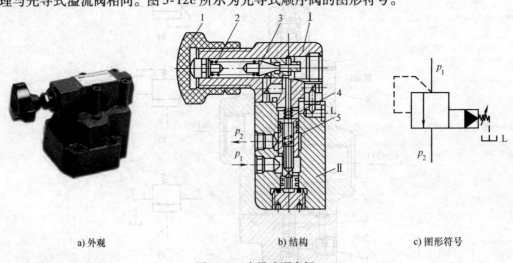

a) 外观　　　　　　　b) 结构　　　　　　　c) 图形符号

图 5-12　先导式顺序阀

1—调节螺母　2—调压弹簧　3—锥阀　4—主阀弹簧　5—主阀芯

先导式顺序阀的启闭特性要好于直动式顺序阀，所以直动式顺序阀多用于低压系统，而先导式顺序阀多应用于中、高压系统。

3. 顺序动作回路

图 5-13 所示为机床夹具上用顺序阀实现工件先定位后夹紧的顺序动作回路。当电磁阀由通电状态转为断电状态时，液压油先进入定位缸 A 的下腔，缸上腔回油，活塞向上抬起，使定位销进入工件定位孔实现定位。这时由于压力低于顺序阀的调定压力，因而液压油不能进入夹紧缸 B 下腔，工件不能夹紧。当定位缸活塞停止运动时，油路压力升高至顺序阀的调定压力时，顺序阀开启，液压油进入夹紧缸 B 下腔，缸上腔回油，夹紧缸活塞抬起，将工件夹紧。实现了先定位后夹紧的顺序要求。当电磁阀再通电时，液压油同时进入定位缸、夹紧缸上腔，两缸下腔回油（夹紧经单向阀回油），使工件松开并拔出定位销。

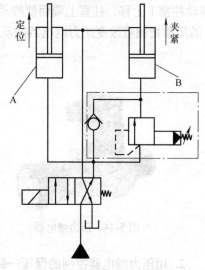

图 5-13　定位、夹紧顺序动作回路

顺序阀的调整压力应高于先动作缸的最高工作压力，以保证动作顺序可靠。中压系统一般要高 $0.5\sim0.8\mathrm{MPa}$。

4. 顺序阀的应用及故障

为了使执行元件准确地实现顺序动作，顺序阀要求调压偏差小，因此，调压弹簧的刚度宜小。此外，还要求阀在非工作状态下的内泄漏量也要小。

顺序阀在液压系统中的主要应用有：

1）在液压系统中控制多个执行元件的动作。

2）与单向阀组成平衡阀，保持垂直放置的液压缸的活塞（或缸筒）不因自重而落下。

3）用外控顺序阀使双泵供油的大流量泵卸荷。

4）用内控顺序阀接在液压缸回油路上，增大背压，稳定活塞的运动速度。

顺序阀的主要故障是不起顺序作用，而油液进、出口处为常通或常闭，见表 5-3。

表 5-3　顺序阀的常见故障与原因

故障现象	故障原因
进、出油口常通	主阀芯阻尼孔堵塞，主阀芯卡死在开度较大处，调压弹簧断裂或漏装，先导阀阀芯与阀座密封不佳，泄漏严重
进、出油口常闭	主阀芯轴向孔堵塞，液压油无法进入主阀芯底部，泄油口未单独接油箱或泄油通道堵塞，液控顺序阀控制压力偏低，主阀卡死在关闭状态

三、压力继电器及其回路

压力继电器是一种将油液的压力信号转换为电信号的电液控制元件，如图 5-14 所示。

1. 结构与工作原理

当油液的压力达到压力继电器的调定压力时，即发出电信号，以控制电磁铁、电磁离合器、继电器等元件动作，使系统中的油路换向、卸压，执行元件实现顺序动作、关闭电动机，液压系统停止工作或起安全保护作用等。压力继电器按结构特点分为柱塞式、弹簧管式、膜片式等几种。图 5-15 所示为柱塞式压力继电器的结构和图形符号。当系统的液压油流入控制口 P 后，便作用在柱塞 1 的下端面上，当油液的作用力大于或等于弹簧的弹力时，推动柱塞 1 上移，柱塞上端面便推动杠杆 2 摆动，推动开关 4，接通或断开电路。改变弹簧 3 的压缩量便可改变压力继电器的动作压力。

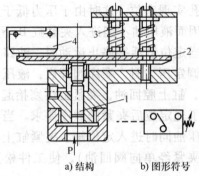

图 5-14 压力继电器

图 5-15 柱塞式压力继电器
1—柱塞 2—杠杆 3—弹簧 4—开关

a) 结构　　b) 图形符号

2. 用压力继电器控制的保压—卸荷回路

在图 5-16 所示夹紧机构液压缸的保压—卸荷回路中，采用了压力继电器和蓄能器。当三位四通电磁换向阀左位工作时，液压泵向蓄能器和夹紧缸左腔供油，并推动活塞杆向右移动。在夹紧工件时系统压力升高。当压力达到压力继电器的开启压力时，表示工件已被夹牢，蓄能器已贮备了足够的液压油。这时压力继电器发出电信号，使二位电磁换向阀通电，控制溢流阀使泵卸荷。此时单向阀关闭，液压缸若有泄漏，油压下降则可由蓄能器补油保压。当夹紧缸压力下降到压力继电器的闭合压力时，压力继电器自动复位，又使二位电磁阀断电，液压泵重新向夹紧缸和蓄能器供油。这种回路用于夹紧工件持续时间较长时，可明显地减少功率损耗。

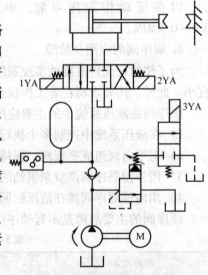

图 5-16 夹紧机构液压回路

3. 用压力继电器控制顺序动作的回路

图 5-17 所示为用压力继电器控制电磁换向阀实现由"工进"转为"快退"的回路。当图中电磁阀左位工作时，液压油经调速阀进入缸左腔，缸右腔回油，活塞慢速"工进"。当活塞行至终点停止时，缸左腔油压升高，当油压达到压力继电器的开启压力时，压力继电器发出电信号，使换向阀右端电磁铁通电（左端电磁铁断电）换向阀右位工作。这时液压油进入缸右腔，缸左腔回油（经单向阀），活塞快速向左退回，实现了由"工进"到"快退"的转换。

在这种回路中，压力断电器的调定压力（开启压力）应比液压缸的最高工作压力高（中压系统约高 0.5MPa），应比溢流阀的调定压力低（中压系统约低 0.5MPa）。

4. 压力继电器的应用

压力继电器在液压系统中应用较多，可用于安全保护，用于控制执行元件的动作顺序，还可用于液压泵的启闭或卸荷。平面磨床主电动机的起动就应用了压力继电器。

（1）识图要点　方框表示继电器的底座，方框左边的虚线表示外部油路；框内部的直线段及斜线段表示开关；方框右侧实折线表示复位弹簧。

（2）实际应用　压力继电器将油液的压力信号转换成电信号，当油液压力达到压力继电器的调节压力时，即发出电信号，以控制电磁铁、电磁离合器、继电器等元件动作，使油路卸压、换向、执行元件实现顺序动作，或关闭电动机，使系统停止工作，起到安全保护作用等。

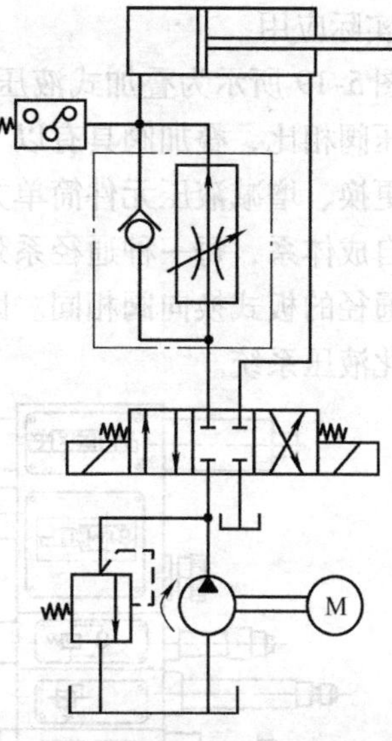

四、叠加阀

叠加式液压阀又称为叠加阀。它是在板式阀集成化基础上发展起来的，其实现各类控制功能的原理与普通阀相同。每个叠加阀不仅具有控制功能，还兼有油液通道的作用。

图 5-17　压力继电器控制顺序动作回路

1. 先导式叠加阀的结构及工作原理

图 5-18 所示为先导式叠加溢流阀，它由先导阀和主阀两部分组成，先导阀为锥阀，主阀相当于锥阀式的单向阀。液压油由进油口 P 进入主阀阀芯 6 右端的 e 腔，并经阀芯上阻尼孔 d 流至阀芯 6 左端 b 腔，再经小孔 a 作用于锥阀阀芯 3 上，当系统压力低于溢流阀调定压力时，锥阀关闭，主阀也关闭，阀不溢流；当系统压力达到溢流阀的调定压力时，锥阀阀芯 3 打开，b 腔的油液经锥阀口及孔 c 由油口 T 流回油箱，主阀阀芯 6 右腔的油经阻尼孔 d 向左流动，于是使主阀阀芯的两端油液产生压力差。此压力差使主阀阀芯克服弹簧 5 而左移，主阀阀口打开，实现了自油口 P 向油口 T 的溢流。调节弹簧 2 的预缩量便可调节溢流阀的调整压力，即溢流压力。叠加阀的每个阀体均制成标准尺寸的长方体，并制有上、下两个安装平面及 4~5 个公共油液通道，每个叠加阀的进出油口均与公共油道相接。使用时把若干个叠加阀按一定次序叠合在普通板式换向阀和底板块之间，然后用长螺栓连接在一起，组成一组叠加阀。再通过一个公共的底板块将各组叠加阀横向连接起来，便组成了一个完整的液压系统。通常每组叠加阀控制一个执行元件。一个液压系统有几个执行元件，就有几组叠加阀。与普通阀一样，叠加阀也分为方向阀、压力阀和流量阀三大类，只是方向阀中仅有单向阀类，而换向阀直接使用同规格的普通板式换向阀。

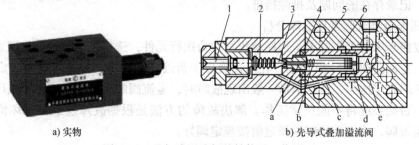

a) 实物　　　　　　　　　　　b) 先导式叠加溢流阀

图 5-18　叠加式溢流阀的结构及工作原理

1—推杆　2、5—弹簧　3—锥阀阀芯　4—阀座　6—主阀阀芯

2. 实际应用

如图 5-19 所示为叠加式液压装置，其中图 5-18a 为其示意图，图 5-18b 为其实物。与其他液压阀相比，叠加阀具有以下特点：结构紧凑、体积小、重量轻；组装简便，周期短；调整、更换、增减液压元件简单方便；无管连接，能量损耗小，外观整齐，便于维护保养。叠加阀自成体系，每一种通径系列的叠加阀，其主油路通道和螺钉孔的大小、位置、数量都与相应通径的板式换向阀相同。因此，将同一通径系列的叠加阀互相叠加，可直接连接而组成集成化液压系统。

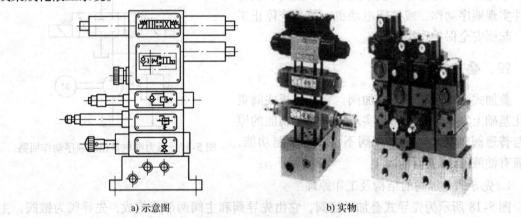

a) 示意图   b) 实物

图 5-19 叠加式液压装置

学习活动 3 制订工作计划

请各组同学根据数控车床卡盘夹紧控制回路，通过多媒体、收集资料，列出、认识、准备需要的液压元件，完成液压控制回路安装。请同学展示，并说明油路的原理。

根据任务要求，结合现场勘查掌握的实际情况，将工序、工期及所需工具、材料填写到表（参照表 3-3、表 3-4）中。

学习活动 4 任务实施

在教师指导下，选择正确的工具，在液压演示台上连接磨床的液压系统，并检验其动作是否正常，记录存在的问题及排除措施。

1. 液压卡盘溢流阀常见故障分析

根据数控车床的工作要求，选择液压缸作为执行元件，选择单电控的二位四通换向阀作为主控阀。主回路如图 5-20 所示，在上述液压卡盘液压回路中，溢流阀 6 的调定压力应大于溢流阀 5 的调定压力，液压卡盘一般出现故障时，溢流阀的调定压力应小于减压阀调定的输出压力，否则系统将不能正常工作。解决故障的方法是根据故障现象及损坏情况进行维修、更换溢流阀，或把溢流阀的调定值按规定调好。

根据液压卡盘液压控制回路，准备需要的液压元件，根据任务要求，在上述分析基础上，在液压试验台上进行模拟实验。连接液压卡盘的控制回路，查找故障原因，证明分析正确，如图 5-20 所示。

2. 压力控制的实施

为了保证液压卡盘在夹紧工件的同时又不损坏工件，这里采用减压阀来调节液压油的油压，从而控制夹紧力的大小。另一方面，为了能在加工一些薄壁类特殊工件时不会因夹紧力过大而夹坏工件，并提高整个系统的工作效率，采用了二级调压的方法，快速切换液压油的工作压力，使夹紧力能按需要得到快速调节。如图 5-20 所示的液压卡盘液压控制回路。回路中溢流阀 6 起到稳定整个系统和溢流的作用，调定的工作压力要大于夹紧回路的工作压力。

另外，在回路中加入一个单向阀 3，这样，当驱动液压泵的电动机突然断电时，还可以使夹紧液压缸保持一定的液压油来夹紧工件，从而使工件不会从卡盘中飞出。因为进入夹紧液压缸的液压油失去液压泵的输出压力后，夹紧液压缸里的压力大于液压泵的出口压力，油液便向液压泵回流，而单向阀正好截断液压泵至夹紧缸的逆向回路。

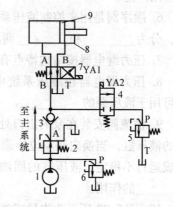

图 5-20　液压卡盘液压回路
1—油泵　2—减压阀　3—单向阀
4—二位二通电磁换向阀　5、6—溢流阀
8—液压缸　9—活塞

3. 操作步骤

1）分析液压回路（见图 5-20），选用、准备液压元件。

2）定位液压元件，安装液压元件时要规范。

3）安装液压系统，在液压演示台连接油路并检验分析故障。如把溢流阀 6 的调定值调小些会发生什么现象。

4）检查各油口的连接情况。

5）通电试车、检测、排除故障。

6）交付验收。

学习活动 5　总结与评价

参照表 1-4 进行综合评价。

 课后思考

（一）填空题

1. 压力控制阀是用来控制液压系统中油液压力_____、_____或利用_____实现某种动作的阀。

2. 溢流阀按工作原理可分为_____和_____两种。

3. 溢流阀按阀芯结构可分为_____、_____和_____。

4. 减压阀是一种利用油液流过缝隙产生压力损失，使其出口压力_____进口压力的压力控制阀。其作用是_____系统中某一支路的油液压力。

5. 减压阀有_____和_____两种，因先导式减压阀性能_____直动式减压性能，故应用广泛。

6. 顺序阀是用来控制液压系统中个执行元件动作_____的。依控制液压油的来源不同，分为_____和_____两种。

7. 压力继电器按结构特点有_____、_____、_____等几种。

8. 压力继电器在液压系统中的应用较多，可用于_____，用于控制执行_____，还可用于液压泵的_____。

9. 溢流阀安装在泵的出口处，其作用是_____和_____。如图 5-21 所示的竖直安装的液压缸，当换向阀左位接通时，活塞下行。为防止因较重的活塞在下行时自动往下落而造成运行不稳定，液压缸的回油口与油箱间安装了一个溢流阀。此时，溢流阀在回路中起_____的作用。

10. 图 5-22 所示为先导式溢流阀的结构示意图，1 是_____阀，2 是_____阀。

11. 在液压系统中控制工作液体压力的阀称为_____，简称压力阀。常用的压力阀有_____阀、_____阀和溢流阀等。

12. 工作在高压液压系统中，应采用_____溢流阀。

(二) 选择题

1. 溢流阀作调压阀用时，其压力根据工作需要（　　）。

A. 随时调整　　　　　　B. 不能任意调整　　　　　C. 定时调整

2. 减压阀的作用是降低系统中某一支路的油液压力，从而可用一个油泵同时提供（　　）压力的输出。

A. 两个　　　　　　　　B. 两个或多个不同　　　　C. 三个

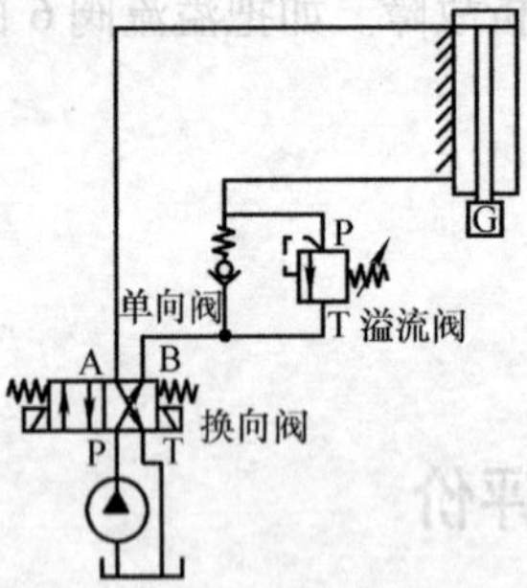

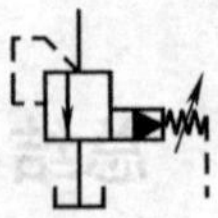

图 5-21　溢流阀的应用 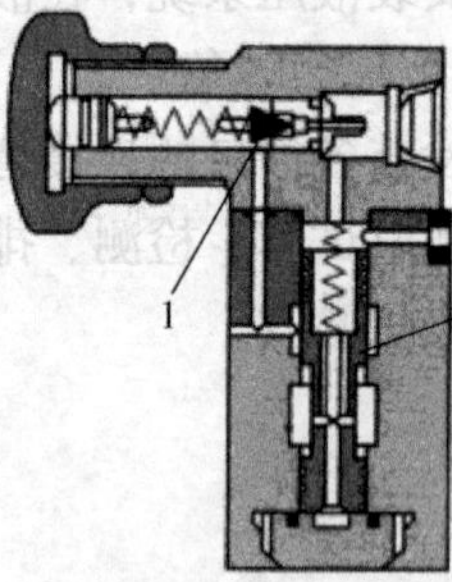　　　　　　　　　　图 5-22　先导式溢流阀

3. 溢流阀（　　）。

A. 常态下阀口常开　　　B. 阀芯随系统压力的变动而移动

C. 可以连接在液压缸的回油油路上作为背压阀使用

4. 在液压系统中可用于安全保护的控制阀有（　　）。

A. 单向阀　　　　　　　B. 换向阀　　　　　　　　C. 溢流阀

5. 先导式溢流阀的主阀芯起（　　）作用。

A. 调压　　　　　　　　B. 稳压　　　　　　　　　C. 溢流

6. 防止系统过载起安全作用的是（　　）。

A. 减压阀　　　　　　　B. 顺序阀　　　　　　　　C. 安全阀

7. 溢流阀与变量泵并联，此时溢流阀的作用是（　　）。

A. 稳压溢流　　　　　　　B. 防止过载　　　　　　　C. 控制流量

8. 当溢流阀起安全作用时，溢流阀的调定压力（　　）系统的工作压力。

A. 大于　　　　　　　　　B. 小于　　　　　　　　　C. 等于

9. 溢流阀起稳压、安全作用时，一般安装在（　　）的出口处。

A. 液压泵　　　　　　　　B. 换向阀　　　　　　　　C. 节流阀

10. 减压阀控制的是（　　）压力。

A. 进口　　　　　　　　　B. 出口　　　　　　　　　C. 进、出口

11. 关于顺序阀说法正确的是（　　）。

A. 初始状态下进、出油口是相通的

B. 工作时进、出油口是相通的

C. 出口压力是恒定的

（三）判断题（正确的打"√"，错误的打"×"）

（　　）1. 溢流阀在系统中的作用是使被控制的系统或回路的压力保持恒定，实现减压的作用，防止系统过载。

（　　）2. 溢流阀作安全阀时，它总是安装在液压泵旁。

（　　）3. 直动式溢流阀一般只用于低压小流量处。系统压力较高时采用先导式溢流阀。

（　　）4. 减压阀是一种利用油液流过缝隙产生压力损失，使其出口压力高于进口压力的压力控制阀。

（　　）5. 溢流阀通常接在液压泵出口处的油路上，它的进口压力即系统压力。

平面磨床工作台调速回路的安装与检修

学习目标:

1. 能通过阅读工作任务单和现场勘察,明确任务要求。
2. 能够了解节流阀的结构及工作原理,掌握节流阀在回路中的正确应用。
3. 能认识节流阀和调速阀的外观、结构、图形符号,并识读原理图。
4. 能识别和选用液压元件,按图样、工艺要求、安全规程等要求,安装液压元件,连接油路。认识液压系统中的节流调速回路。
5. 能分析并正确安装油路,按照安全操作规程对液压系统回路进行试验,完工后按照要求清理施工现场。

工作情景描述:

在学习任务四中,已经了解了平面磨床的结构和工作原理,同时对平面磨床工作台的换向控制回路进行了学习和维修,如图4-14所示,但是,这种回路只能实现平面磨床工作台恒定速度的往复运动。而在实际工作中,因磨削不同的工件时需要不同的进给速度,故要求工作台的往复速度可以调节。

学习活动1 明确工作任务

现有一台平面磨床,却不能完成不同的进给速度,为了满足磨削平面生产进给速度的需要,要求我们查找原因并排除故障。

按照机械生产企业规定,从生产主管处领取生产任务单(见表1-1)并确认签字。

学习活动2 相关知识学习

◆ **引导问题**

1. 液压传动系统中,实现流量控制的方式有哪几种?
2. 画出节流阀和调速阀的图形符号。

3. 节流阀常用节流口形式有哪些？

4. 节流阀有哪些应用？

◆ **咨询资料**

通过任务四的学习，已经知道液压系统中液压缸的运动速度取决于两个方面的因素：液压缸的有效作用面积和流入液压缸的液压油流量，而通常液压缸的有效作用面积在系统学中已经是确定的，因此，影响液压缸运动速度的因素主要是流入液压缸的液压油流量。

从图 4-14 所示中可以看出，液压泵输出的液压油经换向阀直接进入工作台液压缸的工作腔，因此，工作台的运动速度是不变的，要使工作台实现速度可调的往复运动，只需要调节进入工作台液压缸的液压油流量即可。在液压系统中，通过调节进入液压缸的液压油流量从而改变液压缸运动速度的元器件称为流量控制阀，最常用的流量控制阀是节流阀，下面就来学习节流阀的结构、工作原理及节流调速回路等知识。

液压系统中执行元件运动速度的大小，由流入执行元件的油量的大小来决定。流量控制阀就是靠改变阀口的通流面积（节流口局部阻力）的大小或通流通道的长短来控制流量的液压阀。常用的流量控制阀有节流阀、调速阀等。

液压系统中使用的流量控制阀应有：较宽的调节范围，能保证稳定的最小流量，温度和压力的变化对流量的影响要小，泄漏量小，调节方便。

一、节流阀

1. 节流阀的原理

图 6-1b 所示为普通节流阀的结构，它由调节手柄 1、推杆 2、阀芯 3、弹簧 4 和阀体 5 等组成，它的节流口是阀芯右端外圆柱面上制出的轴向三角槽。液压油从进油口 p_1 进入阀体后。经通道 a 和阀芯右端外圆柱面上的三角槽式节流口后。进入阀体上的通道 b，再从出油口 p_2 流出。阀芯 3 在弹簧 4 的压力下始终顶在推杆 2 上，使阀芯的位置不变，即保持节流口的通流截面积大小不变。旋紧调节手柄 1，通过推杆 2 将阀芯 3 向右移动一定位置，便改变了节流口的通流面积（减小），即改变了通过节流口的流量。若旋松手柄，阀芯在弹簧的压力下向左移动一定距离，也改变了节流口的通流面积（增大），使流过节流口的流量增大。液压油从进油口 p_1 进入阀体后，以通道 a 和阀芯上的节流口进入弹簧腔，再从通道 b 经出油口 p_2 流出阀外的同时，也沿阀芯上的轴向小孔进入阀芯的左端面空腔。这样阀芯的两端同时受到液压力的作用，即使在高压下工作，也能轻松地调整节流口的开度。

2. 识图要点

图 6-1c 中，中间的直线表示油路；油路两侧相背的弧线表示节流，相当于一个节流口；长斜箭头表示节流口大小可以调节；通常，p_1 表示进油口，p_2 表示出油口。

3. 节流阀常用节流口形式（见图 6-2）

1）图 6-2a 所示为针阀式节流口。针阀作轴向移动时，调节了环形通道的大小，由此改变了流量。这种结构加工简单，但节流口长度大、水力半径小、易堵塞、流量受油温变化的影响也大，一般用于要求较低的场合。

2）图 6-2b 所示为偏心式节流口。在阀芯上开一个截面形状为三角形（或矩形）的偏心槽，当转动阀芯时，就可以改变通道大小，由此调节了流量。偏心槽式结构因阀芯受径向

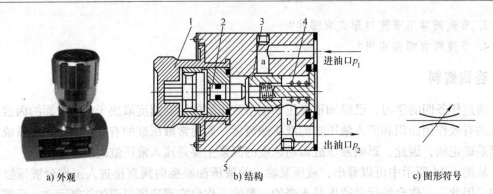

图 6-1　普通节流阀

1—调节手柄　2—推杆　3—阀芯　4—弹簧　5—阀体

不平衡力作用，因此，高压时应避免采用。

3）图 6-2c 所示为轴向三角槽式节流口。在阀芯端部开有一个或两个斜的三角槽，轴向移动阀芯就可以改变三角槽通流面积从而调节了流量。在高压阀中有时在轴端铣两个斜面来实现节流。轴向三角槽式节流口的水力半径较大，小流量时的稳定性较好。

4）图 6-2d 所示为缝隙式节流口。阀芯上开有狭缝，油液可以通过夹缝流入阀芯内孔再经左边的孔流出，旋转阀芯可以改变缝隙的通流面积大小。这种节流口可以做成薄刃结构，从而获得较小的稳定流量，但是阀芯受径向不平衡力作用，故只适用于低压节流阀中。

对比图 6-2 中所示的各种形式的节流口，图 6-2a 所示的针阀式和图 6-2b 所示的偏心式节流口由于节流通道较长，故节流口前后压差和温度的变化对流量的影响较大，也容易堵塞，只能用在性能要求不高的场合。

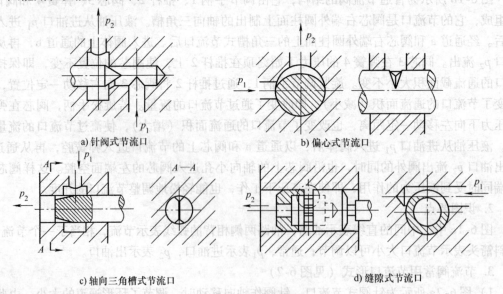

图 6-2　节流阀常用节流口形式

4. 节流阀的应用

普通节流阀结构简单，制造容易，体积小，但负载和温度的变化对其流量稳定性影响较大。所以只适用于负载和温度变化不大或速度稳定性要求较低的液压系统中。其主要应用有：

1）应用在定量泵与溢流阀组成的节流调速系统中，起节流调速作用。

2）在液流压力容易发生突变的地方安装节流阀，可延缓压力突变的影响，起到保护作用。

3）在流量一定的某些液压系统中，改变节流阀节流口的通流截面积大小，从而改变阀的前后压力差。此时，节流阀起负载阻尼作用，简称为液阻。节流口通流截面积越小，则阀的液阻越大。

5. 使用注意事项

1）普通节流阀的进出口，有的产品可以任意对调，但有的产品则不可以对调，具体使用时，应按照产品使用说明接入系统。

2）节流阀不宜在较小开度下工作，否则极易阻塞并导致执行元件爬行。

3）节流阀开度应根据执行元件的速度要求进行调节，调整好后应锁紧，以防止松动而改变调好的节流口开度。

二、节流阀常见故障分析及排除

1. 节流阀阻塞

产生原因：1）液压油使用过久发生老化。

　　　　　2）高压油受剪切挤压，产生极化分子，形成吸附层。

排除方法：1）定期清洗滤油器，更换液压油。

　　　　　2）选择不易产生极化分子的液压油，或用细密呢毡过滤液压油。

2. 节流阀流量不稳定

产生原因：1）油温升高。

　　　　　2）节流阀锁紧装置太松。

　　　　　3）节流阀配合间隙太大，不起作用。

　　　　　4）系统压力变化大，引起节流阀前后压力差发生变化。

　　　　　5）节流阀连接处漏油，存在空气或阻尼孔堵塞，或弹簧断裂等。

排除方法：1）选用黏度小的液压油，或采用有温度补偿的节流阀。

　　　　　2）适当紧固。

　　　　　3）研磨阀孔重配阀，控制间隙在 $0.006 \sim 0.012$ mm。

　　　　　4）选用压力补偿节流阀。

　　　　　5）检查修复或更换零件。

◆ 知识拓展

一、单向节流阀

1. 结构及工作原理

图 6-3 所示为单向节流阀的外观、结构和图形符号，它把节流阀芯分成了上阀芯和下阀芯两部分。当流体正向流动时，其节流过程与节流阀是一样的，节流缝隙的大小可通过手柄进行调节；当流体反向流动时，靠油液的压力把下阀芯压下，下阀芯起单向阀作用，单向阀

打开，可实现流体反向自由流动。

2. 识图要点

图 6-3c 中，外部线框表示在结构上是一个阀；内部一个节流阀与一个单向阀并联，表明在功能上相当于两个阀的并联组合。

3. 实际应用

从功能上理解，单向节流阀是节流阀和单向阀的组合。单向节流阀常用于运动元件的单向调速回路中。

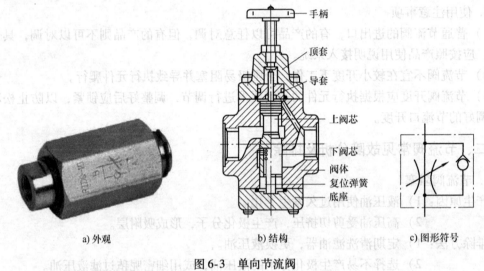

　手柄
　顶套
　导套
　上阀芯
　下阀芯
　阀体
　复位弹簧
　底座

a) 外观　　　　　　　　　b) 结构　　　　　　　c) 图形符号

图 6-3　单向节流阀

二、调速阀

1. 工作原理

调速阀是由定差减压阀 1 和节流阀 2 串联而成的组合阀，如图 6-4b 所示。节流阀通过节流口的开度大小来调节通过的流量，定差减压阀则自动补偿负载变化对流量的影响，保持节流口前后的压差 Δp 不变，消除了节流阀负载变化对流量的影响。定差减压阀与节流阀相串联，并使定差减压阀左右两腔分别与节流阀前后端沟通。设调速阀（减压阀）进油口的油液压力为 p_1，出口压力为 p_2，通过节流阀后降为 p_3，p_3 的大小由液压缸负载 F 决定。当负载 F 变化时，p_3 和调速阀两端压差 $p_1 - p_3$ 随之变化，但节流阀两端压差 $p_2 - p_3$ 却不变。例如，F 增大使 p_3 增大，减压阀芯弹簧腔液压力增大，阀芯左移，开度加大，减压作用减小，使 p_2 有所增加，结果压差 $p_2 - p_3$ 保持不变。反之亦然，从而使通过调速阀的流量保持恒定。

2. 识图要点

图 6-4c 中，矩形边框表示整个阀，中间的直线表示油路；表示油路直线上的箭头表示油液的流动方向；直线两侧的两条相背的弧线表示节流口；倾斜的长箭头表示节流口大小可以调节。

3. 调速阀的应用

调速阀是一种常用的可保持流量基本恒定的流量控制阀，可应用于有较高速度稳定性要求的液压系统中，可与定量泵、溢流阀配合，组成节流调速回路；也可与变量泵配合组成容积节流调速回路。

1）与节流阀一样，调速阀在定量泵液压系统中的主要作用是与溢流阀配合，组成节流调速回路。调速阀可与变量泵组合成容积节流调速回路。其调速范围大，适合于大功率、速度稳定性要求高的系统。

2）因调速阀的调速刚性大，更适合于执行元件负载变化大，运动速度稳定性要求高的调速系统。

3）普通调速阀可装在进油路、回油路或旁油路上，也可用于执行机构往复节流调速回路。

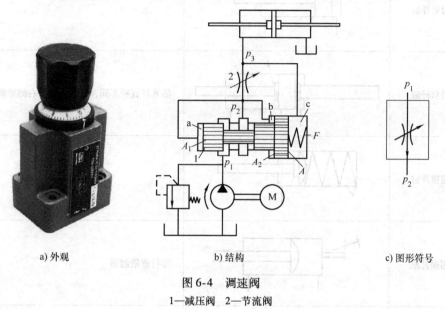

a) 外观　　　　　　　　　　　b) 结构　　　　　　　　　　　c) 图形符号

图 6-4　调速阀

1—减压阀　2—节流阀

三、液压缸

1. 液压缸的类型及特点

液压缸是液压传动系统中的执行元件，它是把油液的压力能转换为机械能的能量转换装置，如图 6-5、图 6-6 所示。液压缸结构简单，工作可靠，与杠杆、连杆、齿轮齿条、棘轮棘爪、凹轮等配合使用，能实现多种机械运动。液压缸在各类机械的液压传动系统中得到了广泛应用，液压缸有多种类型，其分类见表 6-1。

图 6-5　液压缸

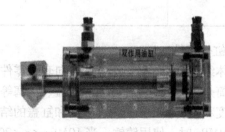

图 6-6　双作用单活塞杆液压缸

表 6-1　液压缸的分类

名称	图形符号	说明
单作用单杆缸	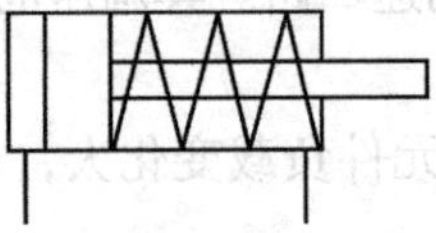	靠弹簧力返回行程，弹簧腔带连接有口
双作用单杆缸	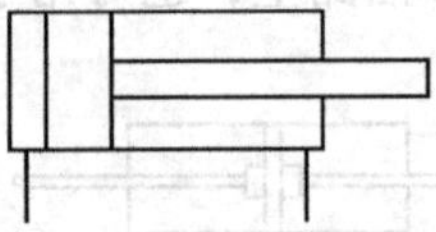	
双作用双杆缸	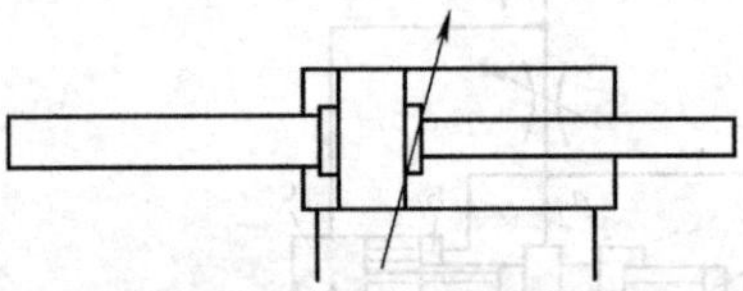	活塞杆直径不同，双侧缓冲，右侧带调节
单作用膜片缸	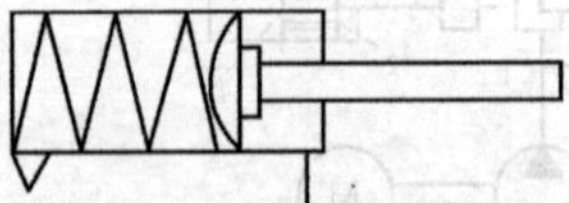	
双作用膜片缸	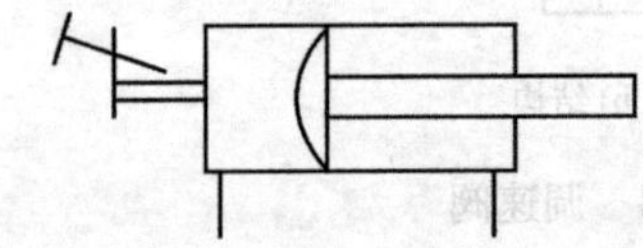	带行程限制器
单作用伸缩缸	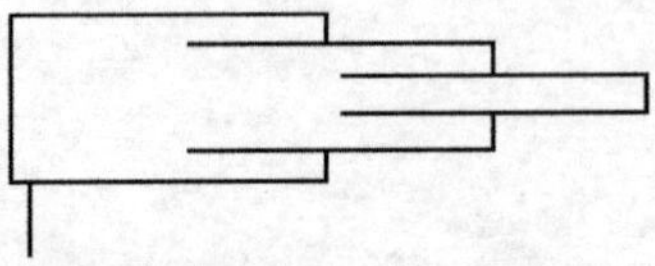	
双作用伸缩缸	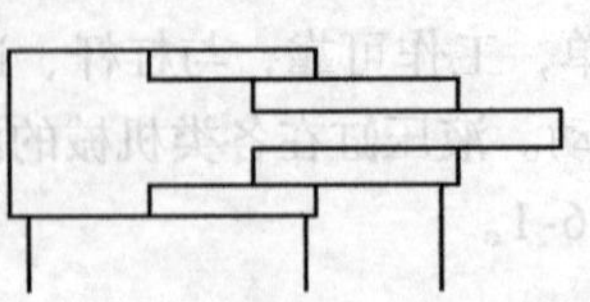	

2. 缸体组件

缸体组件包括缸筒、端盖和导向套等零件。

缸筒是液压缸的主体，它与端盖、活塞等零件构成密闭的容腔，承受油压，要求其有足够的强度和刚度。一般来说，缸筒和缸盖的结构形式与其使用的材料有关。当液压缸工作压力 $p < 10\text{MPa}$ 时，使用铸铁；当 $10\text{MPa} < p < 20\text{MPa}$ 时，使用无缝钢管；当 $p > 20\text{MPa}$ 时，使用铸钢或锻钢。

缸筒与缸盖（缸底）常见连接形式见表 6-2。

表6-2 缸筒与缸盖（缸底）常见连接形式

连接形式	图标	优点	缺点	应用
法兰式	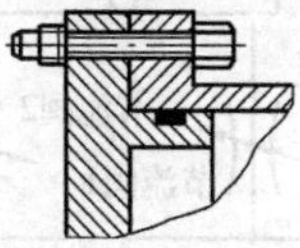	结构简单，加工和拆装方便，连接可靠	外形尺寸和质量均较大	大、中型液压缸
半环式	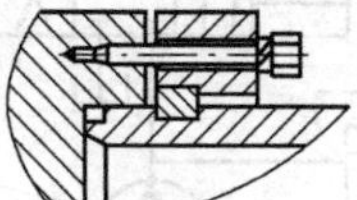	工艺性较好，连接可靠，结构紧凑，装拆方便	对缸筒有所削弱，需要加厚筒壁	无缝钢管缸筒与端盖的连接
外螺纹式	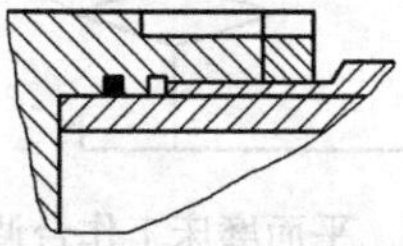	质量小，外径小，结构紧凑	缸筒端部结构复杂，需专用工具进行拆装	
拉杆式	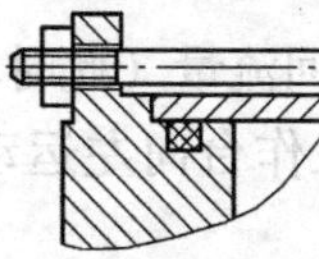	装拆方便	受力时拉杆会伸长，影响端部密封效果	长度不大的中低压缸
焊接式	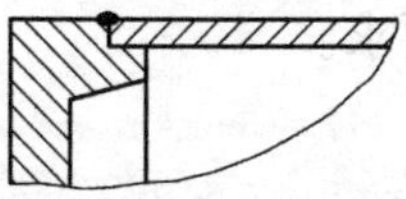	结构简单，轴向尺寸小，工艺性也好	焊接时易引起筒的变形	柱塞式液压缸

学习活动3 制订工作计划

请各组同学通过多媒体、收集资料，画出平面磨床工作台调速液压回路图，列出液压元件材料清单，完成液压控制回路安装。请同学展示，并说明油路的工作原理。

根据任务要求，结合现场勘查掌握的实际情况，将工序、工期及所需工具、材料填写到表中（参照表3-3、表3-4）。

学习活动4 任务实施

在教师指导下，选择正确的工具，在液压演示台上连接磨床的液压系统，并检验其动作是否正常，记录存在的问题及排除措施。

一、平面磨床工作台调速回路分析

平面磨床工作台液压缸为一个双作用双伸出杆液压缸，为了使往复运动时工作平稳，采用回油节流调速回路，并使用单向节流阀作为速度控制元件，设计出如图6-7所示的平面磨床工作台调速回路。

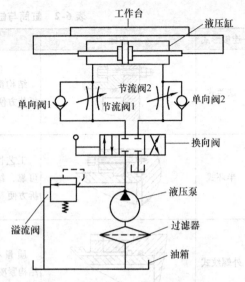

当换向阀处于中间位置时，液压泵输出的液压油不能通过换向阀进入工作台液压缸的油腔，工作处于锁定状态，此时，液压泵输出的液压油由溢流阀回流至油箱。

当换向阀处于左位工作位置时，液压泵输出的液压油由换向阀进入液压缸左腔油路，此时单向阀1处于导通状态，液压油直接经单向阀1进入液压缸左腔，从而使工作台向右运动。调节节流阀2可以改变回流量（此时单向阀2处于关闭状态，液压缸右腔的油液只能经节流阀2流出），从而使工作台向右运动的速度得到调节。

当换向阀处于右位工作位置时，液压泵输出的液压油由换向阀进入液压缸右腔油路，此时单向阀2处于导通状态，液压油直接经单向阀2进入液压缸右腔，从而使工作台向左运动。调节节流阀1可以改变回流量（此时单向阀1处于关闭状态，液压缸右腔的油液只能经节流阀1流出），从而使工作台向左运动的速度得到调节。

图6-7　平面磨床工作台调速回路

由上述分析可知，分别调节节流阀1、2的流量，即可调节工作台向左、向右进给的工作速度，因此，该回路能够满足平面磨床工作台调速的工作要求。

二、操作步骤

1）分析液压回路，选用、准备液压元件。

2）定位液压元件，安装液压元件时要规范。

3）安装液压系统，在液压演示台连接油路并检验分析故障，并通过调节节流阀1、节流阀2的流量来观看液压缸的运动速度。

4）检查各油口的连接情况。

5）通电试车、检测、排除故障。

6）交付验收。

学习活动5　总结与评价

参照表1-4进行综合评价。

 课后思考

（一）填空题

1. 流量控制阀就是靠改变_____（节流口局部阻力）的大小或通流通道的长短来控制流量的液压阀。常用的流量控制阀有_____、_____等。

2. 调速阀是由_____和_____串联而成的组合阀。

（二）选择题

1. 用节流阀调速是有条件的，即要求（　　　）。

A. 有一个接收元件压力信号的环节，来补偿节流元件的流量变化

B. 通过节流口的压力降和流速的大小

C. 改变节流阀开口的通流截面积大小

2. 调速阀是由（　　　）串联而成的组合阀。

A. 减压阀和节流阀　　　　　　B. 定差减压阀和调速阀

C. 换向阀和节流阀　　　　　　D. 定差减压阀和节流阀

3. 采用调速阀的调速回路，当节流口的通流面积一定时，通过调速阀的流量与外负荷（　　　）。

A. 无关　　　　　　　　B. 成正比　　　　　　　　C. 成反比

4. 调速阀工作原理上最大的特点是（　　　）。

A. 调速阀进口和出口油液的压力差 Δp 保持不变

B. 调速阀内节流阀进口和出口油液的压力差 Δp 保持不变

C. 调速阀调节流量方便

5. 节流阀之所以能调节流量是因为节流阀（　　　）。

A. 改变了液压油的通流面积

B. 调节了液压泵的流量

C. 改变了液压油的流向

（三）判断题（正确的打"√"，错误的打"×"）

（　　　）1. 液压系统中执行元件运动速度的大小，由流入执行元件的油液流量的大小来决定。

（　　　）2. 在液压系统中，通常用改变进入动力元件的油液流量来改变其速度。

（　　　）3. 普通节流阀由于负载和温度的变化对其流量稳定性影响较大，因此只适用于负载和温度变化不大或速度稳定性要求较低的液压系统中。

（　　　）4. 在流量一定的某些液压系统中，改变节流阀节流口的通流截面积大小，从而改变液压系统中的压力。

学习任务七

矿井液压钻机液压泵站的安装与检修

学习目标：

1. 能按照任务要求画出液压系统原理图。
2. 能正确分析每种基本回路的工作原理。
3. 能根据液压原理图选择液压元件。
4. 能根据液压原理图正确安装液压系统。

工作情景描述：

液压泵站（见图7-1）是由多个液压元件组合而成的最常用的典型液压系统，我们通过对泵站的拆装，学会各液压元件的作用、安装方法、配合要求等方面的相关知识，并锻炼了维修技能。通过学习基本回路，为以后学习典型液压回路奠定基础，同时也增强对故障的分析、判断和处理能力，从而提高学生的岗位就业能力。

图7-1　液压泵站

学习活动1　明确工作任务

某企业生产的矿井液压钻机因为生产的需要，急需装配一批液压钻机的液压泵站，现把这个生产任务交由我们来完成，要求在规定期限完成安装、调试，并交有关人员验收。

按照机械生产企业规定，从生产主管处领取生产任务单（见表1-1）并确认签字。

学习活动 2　学习相关知识

◆ **引导问题**

1. 矿井液压钻机的作用、结构有哪些？
2. 液压基本回路按功能分为哪几个回路？
3. 什么是方向控制回路？常见的有哪几种？
4. 什么是压力控制回路？常见的有哪几种？
5. 液压泵站中有哪些液压基本回路？

◆ **咨询资料**

一、矿井液压钻机

煤矿用全液压坑道钻机主要用于煤矿井下钻进瓦斯抽（排）放孔、注浆防灭火孔、煤层注水孔、防突卸压孔、地质勘探孔及其他工程孔。

钻机结构主要由泵站、动力头、机架、立柱框架、操纵台和钻具 6 大部分组成。

现代设备的液压系统，不论复杂还是简单，都是由一个或多个基本液压回路所组成的。基本液压回路是指由若干液压元件组成，且能完成某一特定功能的简单油路结构。了解和熟悉这些常用的基本回路，可为阅读液压系统图和设计液压系统打下基础。液压基本回路按功能分为方向控制回路、压力控制回路、速度控制回路和多缸控制回路等。

二、方向控制回路

在液压系统中，执行元件的起动和停止，是通过控制进入执行元件的液流的通或断来实现的。执行元件运动方向的改变，是通过改变流入执行元件的液流方向来实现的。实现上述功能的回路称为方向控制回路。

1. 换向回路

图 7-2 所示为采用二位四通电磁换向阀的换向回路。电磁铁通电时，阀芯右移，液压油进入油缸左腔，推动活塞向右运动。电磁铁断电时，弹簧力使阀芯左移复位，液压油进入油缸右腔，推动活塞向左移动。

根据执行元件的换向要求，也可用三位四通（或五通）换向阀；换向阀的控制方式选择手动、机动、液动、电磁动和电液动均可。但由换向阀组成的换向回路往往会出现换向冲击大，换向频率不能太高的现象，只能用在换向频率不高、换向精度要求较低的场合。

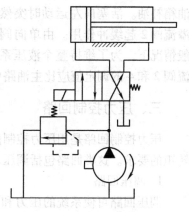

图 7-2　换向回路

2. 锁紧回路

锁紧回路是使液压缸能停留在任意位置上，且停留后不会因有外力作用而移动位置的回路。图 7-3 所示为使用液控单向阀（又称为双向液压锁）的锁紧回路。

1）当换向阀处于左位时，液压油经液控单向阀 I 进入油缸左腔，同时液压油也流入液控单向阀 II 的控制口 X_2，使液控单向阀 II 反向导通，油缸右腔的回油经换向阀流回油箱，使活塞向右运动。

2）反向时情况相似。

3）若要使活塞停留在某一位置，只要将换向阀置于中位即可。因阀的中位机能为 H 型，油泵卸荷。液控单向阀上的控制油压力立即消失，液控单向阀不再反向导通，液压缸活塞两端的液压油被封住不能流动便被锁紧。由于单向阀密封性能好，极少泄漏，锁紧精度只受油缸本身的泄漏影响。

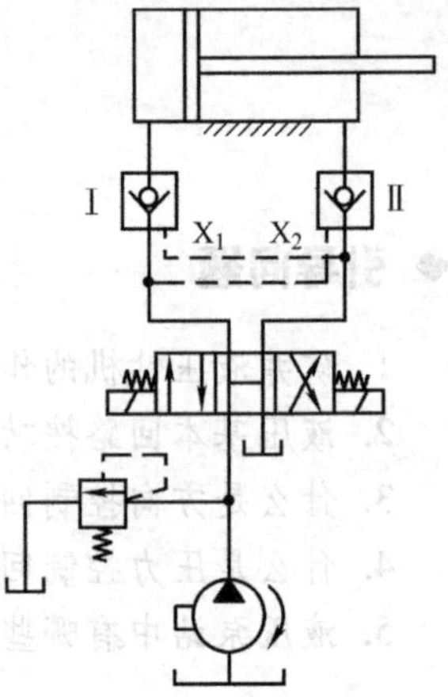

提示：凡是具有"O"或"M"中位机能的换向阀，均可组成锁紧回路。但是，换向阀存在较大的泄漏，锁紧性能较差，只能用于锁紧时间短且要求不高的场合。

3. 制动回路

使执行元件由运动状态平稳地转换成静止状态的回路称为制动回路，如图 7-4 所示。在油缸两端的油路上设置单向阀 3 和 5，同时设置灵敏度较高的小型直动式溢流阀 2 和 4。在手动三位四通换向阀换成中位时，活塞在溢流阀 2 和 4 调定的压力值下完成制动过程，如活塞向右运动的过程中突然将换向阀切换至中位，由图可知，油缸两端被封闭，但活塞由于惯性还要继续向右运动，导致油缸右端腔中的油液压力突然升高，当压力超过溢流阀 4 的调定值时，溢流阀 4 开始溢流，这样，减缓了管路中的液压冲击现象，使活塞平稳的由运动状态变为静止状态。与此同时，液压缸左腔通过单向阀 3 从油箱补油。活塞向左运动时突然切换换向阀时，由溢流阀 2 起缓冲作用。由单向阀 5 从油箱补油。一般情况下，为了维持整个液压系统的压力稳定，溢流阀 2 和 4 的调定值应比主油路中溢流阀 1 的调压值高 5% ~ 10%。

图 7-3 锁紧回路

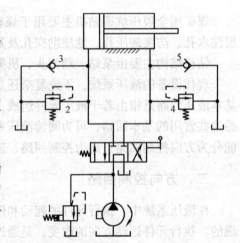

图 7-4 采用溢流阀的制动回路
1—先导式溢流阀 2、4—直动式
溢流阀 3、5—单向阀

三、压力控制回路

压力控制回路是用压力控制阀来控制系统整体某一局部的压力，以满足执行元件对力或转矩的要求。这类回路包括调压、减压、顺序、卸荷等回路。

1. 调压回路

调压回路可使系统的压力和负载相适应并保持稳定，使系统的压力不超过预先的调定值，或者满足工作元件在运动过程中的不同阶段要有不同压力的要求。

（1）单级调压回路 图 7-5a 所示为单级调压回路，这是最基本的调压回路。当用节流阀 2 调节液压缸速度时，溢流阀 1 始终开启溢流。此时泵的出口压力便稳定在溢流阀 1 的调定压力上。调节溢流阀便可调节泵的供油压力。

（2）二级调压回路　图7-5b所示为二级调压回路，可实现两种不同的压力控制。由先导式溢流阀2和直动式溢流阀4各调一级，当二位二通电磁阀3在图示位置时，系统压力由先导式溢流阀2调定。当电磁铁通电、电磁换向阀3处于右位工作时，系统压力由直动式溢流阀4调定。但要注意的是，溢流阀4的调定压力一定要小于溢流阀2的调定压力，否则不能实现两级调压。

（3）多级调压回路　图7-5c所示为由溢流阀1、2、3和三位四通电磁换向阀组成的三级调压回路，由溢流阀1、2、3分别控制系统的压力，使系统得到三种不同的压力，以满足工作元件的需要。当两电磁铁均不带电时，系统压力由先导式溢流阀1调定。当1YA得电、2YA失电时，换向阀左位工作，系统压力由溢流阀2调定。当2YA得电、1YA失电时，系统压力由溢流阀3调定。但是，在这种调压回路中，溢流阀2和3的调定压力要小于溢流阀1的调定压力，而溢流阀2和3的调定压力只要不相同便可以了。

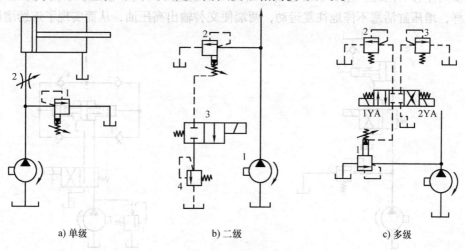

a) 单级　　　　　　　　b) 二级　　　　　　　　c) 多级

图7-5　调压回路

（4）双向调压回路　当执行元件正反行程需要不同的供油压力时，可采用双向调压回路，如图7-6所示。当换向阀在左位工作时，活塞移动为工作行程，油泵的出口油液压力由溢流阀1调定为较高的压力进入液压缸左腔，液压缸右腔的油液经换向阀流回油箱，溢流阀2不起作用。当换向阀在图示位置工作时，活塞作空行程返回，油泵的出口油液压力由溢流阀2调定为较低压力进入液压缸右腔，溢流阀1不起作用，活塞退到终点后，油泵在低压下卸荷，功率损耗小。

2. 增压回路

当液压系统中的某一支油路需要压力较高但流量又不大的压力时，采用高压泵供油不经济，这时采用增压回路最为合理。采用这种回路，整个系统的工作压力仍然较低，因而能节省能源，且系统工作可靠、噪声低。

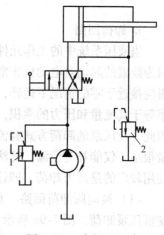

图7-6　双向调压回路

（1）单作用增压缸的增压回路　增压缸实际上是由活塞缸和柱塞缸组成的复合缸，它利用活塞和柱塞有效面积的不同，使液压系统中的局部区域获得高压。单作用增压缸在不考虑摩擦损失和泄漏的情况下，其增压比等于增压缸大、小两腔的有效面积之比。

图7-7所示的回路中，当系统在图示位置工作时，油泵输出的液压油经二位四通换向阀进入增压缸的大活塞腔，推动活塞向右运动。此时，在小活塞腔便可得到较高压力 p_2。当二位四通换向阀右位工作时，增压缸大活塞返回，辅助油箱中的油液经单向阀补入小活塞腔。因此，该油路只能间歇增压，称为单作用增压回路。

（2）双作用增压缸的增压回路　单作用增压缸只能断续供油，若需连续输出高压油，可采用图7-8所示的双作用增压缸的增压回路。在图示位置，液压泵的液压油进入增压缸左端大、小油腔，右端大油腔的回油经换向阀流回油箱。右端小油腔中的油被增压后经单向阀4输出，单向阀2和3被封闭。当活塞移到右端极限位置时，换向阀电磁铁通电，油路换向后活塞反向左移。同理。左端小油腔输出的高压油通过单向阀3输出，单向阀1和4被封闭。这样，增压缸活塞不停地往复运动，两端便交替输出高压油，从而实现了连续增压。

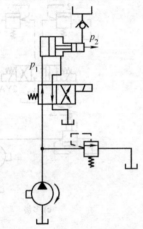

图7-7　单作用增压缸的增压回路

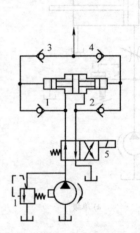

图7-8　双作用增压缸的增压回路

3. 卸荷回路

当液压系统中的工作元件在短时间内不工作时，一般不宜关闭电动机使油泵停止工作，因为频繁的起动对电动机非常不利，采用卸荷回路就可以在不停机的情况下，使油泵在功率损耗接近于零的情况下运转，减少了功率损耗，降低了系统的发热量。因为液压泵的输出功率等于其流量和压力的乘积，所以其中任何一项等于零或接近于零，功率损耗即近似为零。因此，液压泵的卸荷方式有流量卸荷和压力卸荷两种。流量卸荷主要使用变量泵，使泵的流量很小，仅能补充泄漏。此法虽简单，但油泵仍在较高压下运转，磨损仍然比较严重。目前使用较广的是压力卸荷，即让液压泵在接近零压运转，常见的卸荷回路有以下几种：

（1）换向阀卸荷回路　凡具有M、H和K型中位机能的三位换向阀，处于中位时均能使液压泵卸荷。图7-9a所示为采用M型中位机能电磁换向阀的卸荷回路。图7-9b所示为用二位二通换向阀的旁路卸荷回路，两种方法均较简单，但换向时会产生液压冲击，仅适用于低压，流量小于40L/min的场合，且所配管路应尽量短。

（2）用先导式溢流阀卸荷回路　如图7-10所示，先导式溢流阀的远程控制口直接与二位二通电磁阀相连，便构成了先导式溢流阀卸荷回路。

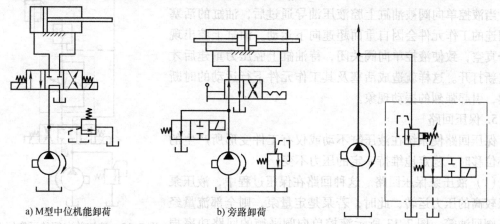

　　a) M型中位机能卸荷　　　　　b) 旁路卸荷

图 7-9　换向阀卸荷回路　　　　　图 7-10　先导式溢流阀的卸荷回路

4. 平衡回路

　　为了防止垂直或倾斜放置的液压缸与相连的工作部件在悬空停止期间因自重而自行下落，或在下行运动中因自重而造成超速的液压回路，称为平衡回路。

　　图 7-11a 所示为用单向顺序阀组成的平衡回路。调整顺序阀的开启压力，使其稍大于立式液压缸的活塞与相连的工作部件质量形成的下腔背压力，即可防止活塞与相连的工作部件因自重而下滑。这种回路在活塞下行时，回油路上存在背压，故运动平稳，但功率消耗大，采用外控单向顺序阀。对于如图 7-11b 所示的回路，当 1YA 通电，活塞下行，来自油缸的控制液压油打开顺序阀，回油路背压较小，提高了回路效率，但在电磁阀处于中位时，由于顺序阀的泄漏，运动部件和活塞在悬停过程中会缓缓下降，它只能用在对停止位置要求不严，停止时间很短的场合。对要求停止位置准确和停留时间较长的液压系统，可采用液控单向阀的平衡回路。

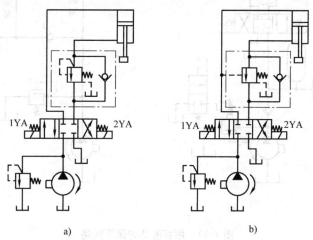

　　　　　　a)　　　　　　　　　　　　b)

图 7-11　采用顺序阀的平衡回路

　　图 7-12 所示为采用液控单向阀的平衡回路，因为液控单向阀泄漏量极小，所以闭锁性

能极好。在这种回路中，设置节流阀是必要的，若不设此阀，当液控单向阀被油缸上腔液压油导通过后，油缸的活塞与相连的工作元件会因自重而超速向下运动。油缸上腔出现部分真空，致使液控单向阀关闭，待油缸上腔压力重建后才能重新打开。这样就造成活塞及其工作元件下行运动的时断时续，引起强烈的振动现象。

5. 保压回路

保压回路使系统在液压缸不动或仅有工件变形所产生的微小位移时，稳定地维持一定的压力不变。

（1）液压泵保压回路　这种回路在保压过程中，液压泵仍以较高的压力运转，此时，若泵是定量泵，则全部流量经溢流阀回油箱。图 7-13 所示液控单向阀平衡的回路功率损失大，易发热，只在系统功率小，且保压时间短的场合使

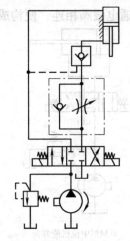

图 7-12　液控单向阀的平衡回路

用。若采用变量泵，保压时，泵的压力虽高，但流量极小，因而液压系统的功率损失较小。这种保压方法能随系统泄漏量的变化而自动调整输出流量，故其效率较高。

（2）利用蓄能器的保压回路　图 7-13a 所示的回路，当换向阀左边电磁铁通电，换向阀左位工作，泵输出的液压油经换向阀进入液压缸左腔，活塞与活塞杆向右运动压紧工件。进油路的油液压力升高至调定值时，压力继电器发出信号使二位二通换向阀通电导通，液压泵卸荷，单向阀关闭，液压缸由蓄能器保压。当油缸压力不足时，压力继电器复位使液压泵重新工作，保压时间的长短取决于蓄能器的容量。

图 7-13b 所示为多缸系统中的一缸保压回路。这种回路中，当主油路压力降低时，单向阀 3 关闭，支路由蓄能器 4 保压并补偿泄漏。当支路中的压力降到压力继电器 5 的调定压力时，压力继电器发出信号，使主油路开始工作，并通过单向阀 3 向支路补油。

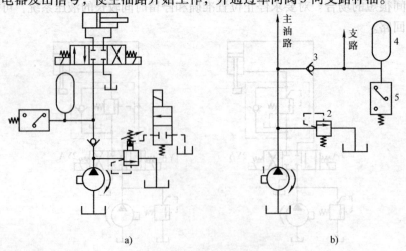

a)　　　　　　　　　　　　　　b)

图 7-13　用蓄能器的保压回路

1—液压泵　2—溢流阀　3—单向阀　4—蓄能器　5—压力继电器

（3）自动补油保压回路　图 7-14 所示为采用液控单向阀和点接触式压力表的自动补油式保压回路。当三位四通电磁阀右边的电磁铁 1YA 得电时，换向阀右位工作，液压油经换

向阀和液控单向阀进入液压缸上腔，使活塞下行压住工件。油泵继续供油，压力上升，当液压缸上腔的压力升高到电接触式压力表的上限值时，上触点接通，使电磁铁1YA断电。换向阀处于中位，液压泵卸荷。液压缸由液控单向阀保压。当液压缸上腔的压力降到电接触式压力表的下限值时，压力表会发出信号，使电磁铁1YA得电，液压泵再次向系统供油，使系统压力升高。于是，这种回路能使液压缸自动的补充液压油，使系统压力长期保持在预先调定的范围内。

6. 减压回路

当液压系统采用单泵供油，系统中某一支路或某几个支路需要比压力系统（由溢流阀调定）低的液压油时，就用减压回路来解决。最常见的减压回路是使用定值减压阀与主油路相连，如图7-15所示。回路中单向阀的作用是，当主油路中的压力低于支路中的压力时，防止油液倒流，起到短时支路保压作用。在减压回路中可采用两级或多级调压的方法获得两级或多级低压。

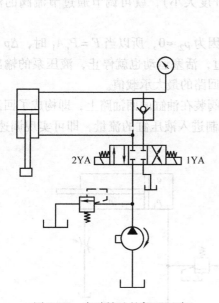

图7-14　自动补油的保压回路

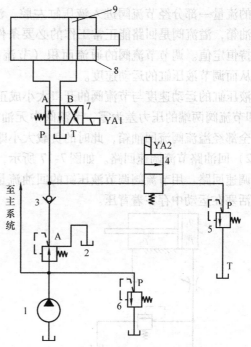

图7-15　液压卡盘液压控制回路
1—油泵　2—减压阀　3—单向阀　4—二位二通电磁换向阀
5、6—溢流阀　7—二位四通电磁换向阀
8—液压缸　9—液压缸活塞

在实用中，为了保证减压回路工作可靠，减压阀的最低调整压力应大于0.5MPa，最高调整压力应比系统主油路压力小0.6MPa以上。当减压支路中的执行元件需要调速时，调速元件要安装在减压阀的后面，以免因减压阀的泄漏对执行元件的速度产生影响。为了保证液压卡盘在夹紧工件的同时又不损坏工件，这里采用减压阀来调节液压油的油压，从而控制夹紧力的大小。另一方面，为了能在加工一些薄壁类特殊工件时不会因夹紧力过大而夹坏工件，并提高整个系统的工作效率，采用了二级调压的方法，快速切换液压油的工作压力，使夹紧力能按需要得到快速调节。据此，设计出如图7-15所示的液压卡盘液压控制回路。回路中溢流阀6起到稳定整个系统和溢流作用，调定的工作压力要大于夹紧回路的工作压力。

四、速度控制回路

在液压系统中用来控制执行元件运动速度的回路，称为速度控制回路。速度控制回路包括调节执行元件工作行程速度的调速回路和使不同速度相互转换的速度换接回路。

1. 调速回路

调速回路就是用来调节执行元件速度的回路。

（1）节流调速回路 用定量泵和流量控制阀来改变液压执行元件的速度回路，称为节流调速回路。它的工作原理是通过改变回路中流量控制阀的通流截面面积的大小来控制流入液压执行元件的流量；或控制从液压执行元件流出的流量，以调节其运动速度。根据流量控制阀在回路中的安装位置，可分为进油路节流调速、回油路节流调速和旁路节流调速三种。

1）进油路节流调速回路。如图7-16所示，节流阀串联在液压缸和液压泵之间，液压泵输出的流量一部分经节流阀进入液压缸左腔，流量为 q_1，推动活塞运动；一部分经溢流阀流回油箱，溢流阀是回路能正常工作的必要条件。由于溢流阀的溢流，泵的出口压力 p_p 才能保持恒定值。调节节流阀的通流面积（节流口的开度大小），就可调节通过节流阀的流量，从而调节液压缸的运动速度。

液压缸的运动速度与节流阀的开口大小成正比。因为 $p_2 \approx 0$，所以当 $F = P_p A_1$ 时，$\Delta p = 0$，即节流阀两端的压力差为零，节流阀中无油液流过，活塞运动也就停止，液压泵的输出流量全部经溢流阀流回油箱，此时的负载大小即为该回路的最大承载值。

2）回油路节流调速回路。如图7-17所示，节流阀装在油缸的回油路上，即构成了回油节流调速回路。用节流阀调节液压缸的回油流量，控制进入液压缸的流量，即可实现调速，只是活塞在运动中存在着背压。

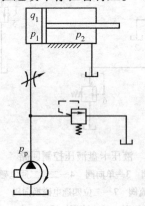

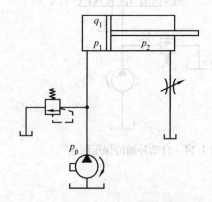

图7-16 进油路节流调速回路　　　　　　图7-17 回油路节流调速回路

3）旁路节流调速回路。将流量控制阀与液压执行元件并联安装，便构成了旁路节流调速回路。如图7-18所示，其中节流阀起分流作用，它调节液压泵溢回油箱的流量，间接控制了进入液压缸的流量，实现了调速。这里，溢流的工作已由节流阀承担，回路中的溢流阀仅作为安全阀。常态时关闭，过载时打开。其调定压力为最大工作压力的 1.1～1.2 倍。因此，液压泵的出口压力 p_p 不再是恒定值，它与液压缸的工作压力相等，随负载的变化而变化。由回路可看出，p_p 等于节流阀两端的压力差，即

$$\Delta p = p_p = \frac{F}{A}$$

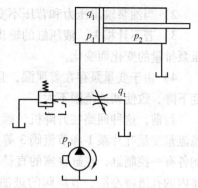

在这种回路中，液压泵的输出流量分为两部分，一部分进入液压缸（q_1），一部分经节流阀流回油箱（q_t）。而 q_t 对节流阀两端的压力差有较大影响，故这种回路有以下特点：

① 液压缸的回油路上没有背压，液压执行元件的运动平稳性较差，特别是外界负载变化时更为突出。

② 当节流阀阀口调大时，溢流回油箱的流量 q_t 增大，液压执行元件承受的最大负载将减小，也就是在低速时，承载能力小。

图 7-18　旁路节流调速回路

③ 泵的输出压力随负载而变化，溢流阀的溢流损失较小。这种回路的调速范围也比较小。它常用在负载变化小，对执行元件的运动平稳性要求不高，功率较大的场合，如牛头刨床、拉床等机床的液压系统中。

（2）容积调速回路　用改变变量泵或变量马达的排量来控制执行元件运动速度的回路称为容积调速回路。其优点是没有节流损失和溢流损失，因而效率较高，发热量小，使用于高速、大功率的液压系统，如工程机械、矿上机械及大型机床的液压系统中。缺点是变量马达和变量液压泵结构复杂，成本高。

根据油路的循环方式，容积调速回路又分为开式回路和闭式回路。开式回路中，液压泵从油箱吸油，液压执行元件的回油直接流回油箱。这种回路结构简单，油液在油箱中能得到较充分的冷却，但油箱体积大，空气和污物易进入回路。闭式回路中，执行元件的回油直接进入油泵的吸油口，结构紧凑，空气和污物不易进入回路，只需很小的补油箱，但油的冷却条件差，需设补油泵进行补油、换油和冷却油，补油泵的流量一般为主油泵的 10% ~ 15%，压力为 0.3 ~ 1.0MPa。

容积调速回路一般有三种形式：变量泵与定量液压执行元件，定量泵与变量马达，变量泵与变量马达。由于后两种容积调速回路在一般机床上应用较少，这里只介绍泵－缸式容积调速回路，如图 7-19 所示。该回路为开式回路，改变变量泵 1 的排量即可调节活塞的速度，2 为溢流阀，限制回路最高压力的背压阀 6 使活塞运动平稳，单向阀 3 防止停机时油液流入液压泵和空气进入系统。

由于变量泵泄漏量较大，且泄漏量随压力增大而直线上升，故存在着速度负载特性较软和低速承载力差的问题。

此回路的特点是：

1）液压缸的最大速度决定于液压泵的最大流量，最低速度决定于液压泵的最小流量，可以实现无级调速。

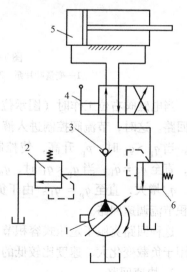

图 7-19　泵－缸式容积调速回路
1—变量泵　2—溢流阀　3—单向阀
4—手动换向阀　5—液压缸　6—背压阀

2）当油泵输出压力和背压不变时，液压缸活塞在各种速度下的推力不变。

3）若不计损失，液压缸的输出功率等于液压泵的输出功率，且液压缸的输出功率随液压泵排量的变化而变化。

4）由于变量泵存在着泄漏，且泄漏量随压力的升高而加大，从而引起液压缸的活塞速度下降，致使调速范围不大。

目前，这种回路在升降机、插床、拉床等大功率系统中均有应用。如图 7-20 所示为由稳流量变量叶片泵 1 和节流阀 3 等元件组成的变压式容积节流调速回路。液压泵定子左右两侧各有一控制缸，左缸柱塞的直径与右缸活塞杆的直径相等。泵的出口连一节流阀 3，且泵体内的孔道将左缸、节流阀的进油口及右缸的有杆腔连通。当图中电磁阀 2 通电左位工作时，液压油经电磁阀进入液压缸左腔，这时节流阀两端压差为零，A、B、C 各点等压，液压泵定子两端所受液压推力相等，故它在右缸弹簧的作用下移至最左端，使其与转子的偏心达到最大值，输出最大流量，使缸实现快速运动。

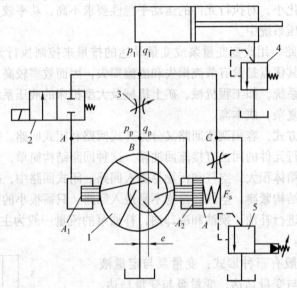

图 7-20　变压式容积节流调速回路
1—变量叶片泵　2—换向阀　3—节流阀　4—背压阀　5—溢流阀

当电磁阀右位工作时（图示位置），液压油经节流阀进入液压缸，即构成了容积节流调速回路。这时，节流阀控制进入液压缸的流量 q_1，并使液压泵的流量 q_p 自动与之匹配。例如，当 $q_p > q_1$ 时，p_p 升高，使控制缸向右的液压推力增大，定子右移，偏心减小，q_p 减小，直至 $q_p = q_1$；当 $q_p < q_1$ 时，q_p 减小，使控制缸向右移的推力减小，定子左移，偏心增大，q_p 增大，直至 $q_p = q_1$。由于负载变化时，泵出口的压力 p_p 也随之变化，故称为变压式容积节流调速回路。

这种回路克服了定压式容积节流调速回路负载变化大时效率低的缺点，其效率较高，能适用于负载变化大、速度比较低的中小功率系统。

2. 快速回路

快速回路又称为增速回路，它的功用是使液压执行元件既能在空行程时获得尽可能快的速度，又能使执行元件慢速运动时功率损耗小，提高系统的工作效率。金属切削机床上的工作部件，空行程一般需要高速，以减少辅助时间。

图7-21所示为双泵供油快速回路，泵1为低压大流量泵，泵2为高压小流量泵。在执行元件快速运动时，泵1输出的油液经单向阀与泵2输出的油液一起向执行元件供油。当执行元件在工作行程时，系统压力升高，液控卸荷阀3被导通，使泵1卸荷，由泵2单独向系统供油。溢流阀5的调定压力应根据执行元件的最大负载而定。卸荷阀3的调定压力应比溢流阀5低，但又要高于执行元件快进时的工作压力。

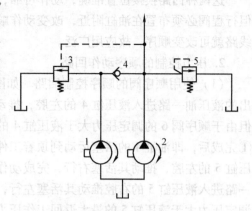

图7-21　双泵供油快速回路

五、多缸控制回路

在液压系统中，一个液源往往要驱动多个液压缸，这些液压缸会因压力和流量的影响而在工作上互相干涉。因此，必须用一些特殊的回路去实现预定的动作，使它们有序地工作。

顺序动作回路的作用就是使系统中各缸按预定的顺序动作，互不干扰。按控制方法不同，其分为行程控制和压力控制两类。

1. 行程控制的顺序动作回路

（1）用行程阀控制的顺序动作回路　如图7-22所示，缸A和缸B的活塞均在左位，使手动换向阀C在右位工作，油泵输出的液压油一路经阀C进入缸A的左腔，缸A的活塞向右运动，实现动作①，另一路油泵输出的液压油经行程阀D进入缸B的右腔，使缸B活塞停在左位不动。当连在缸A活塞上的挡块压下行程阀D时，油泵输出的液压油经阀D进入缸B的左腔，缸B的活塞右行，实现动作②，使手动换向阀左位工作，液压油经换向阀C进入油缸A的右腔，推动活塞向左运动，实现动作③。随着挡块的左移使行程阀D复位，液压油经阀D进入油缸B的右腔，推动活塞左移，实现动作④，至此，完成了顺序动作。

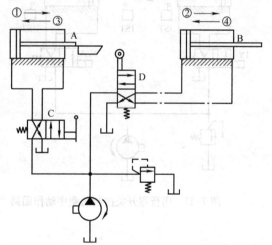

图7-22　用行程阀控制的顺序动作回路

（2）用行程开关控制的顺序动作回路　在图7-23所示的回路中，当换向阀1YA通电时，油泵输出的液压油流进油缸A的左腔，推动活塞右行，完成动作①；当缸A的活塞继续右行，触动行程开关1ST，使换向阀的2YA通电，油泵输出的液压油有一部分流入油缸B的左腔，推动其活塞右行，实现动作②；随后，与B缸活塞相连的挡块触动行程开关2ST，使换向阀的1YA断电，于是油泵输出的液压油有一部分流入缸A的右腔推动其活塞左行，实现动作③；当其继续左行，挡块触动行程开关3ST时，使换向阀的2YA断电，一部分液压油流入B缸的右腔，推动其活塞左行，实现动作④；最后，B缸活塞的挡块出动行程开关4ST使泵卸荷或引起其他动作，至此，完成一个工作循环。

这两种回路换接位置准确，动作可靠，换接平稳，常用在对位置精度要求较高的地方。但行程阀必须布置在油缸附近，改变动作顺序较困难。而行程开关控制的回路只需改变电器线路就可改变顺序，故应用广泛。

2. 压力控制的顺序动作回路

（1）使用顺序阀的顺序控制回路 如图7-24所示，当换向阀2在左位工作时，油泵输出的液压油一路进入液压缸4的左腔，推动其活塞右行，实现动作①。一路到达顺序阀6，但由于顺序阀6的调定压力大于液压缸4的最大前进工作压力，故顺序阀6打不开。当动作①完成后，即油缸4的活塞运动到顶着工件后，系统压力升高，液压油打开顺序阀6流入液压缸5的左腔，推动其活塞右行，完成动作②。当换向阀2右位工作时，油泵输出的液压油一路进入液压缸5的右腔推动其活塞左行，完成动作③。一路进入顺序阀3，但顺序阀3的调定压力大于液压缸5的最大返回工作压力时，顺序阀3未导通，直到动作③运动到位后，系统压力升高。打开顺序阀3，液压油进入缸4的右腔，推动其活塞左行，完成动作④。

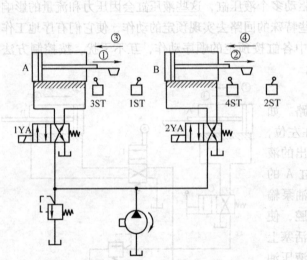

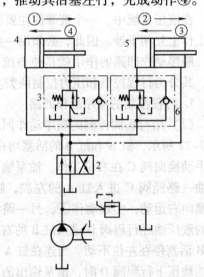

图7-23　用行程开关控制的顺序动作回路　　　图7-24　使用顺序阀的顺序动作回路

1—溢流阀　2—换向阀
3、6—顺序阀　4、5—液压缸

这种回路动作对可靠性取决于顺序阀的性能及其压力调定值，后一个动作的压力必须比前一个动作的压力高出10%～15%，且顺序阀打开和关闭的压力差不能太大，否则会在系统压力波动时造成误动作，引发事故。因此，这种回路只适用与系统中液压缸数目不多，负载变化不大的场合。

（2）使用压力继电器控制的顺序动作回路 如图7-25所示，当电磁铁1YA通电后，油泵输出的液压油一路进入A缸左腔，推动其活塞右行，完成动作①；另一路进入缸B的右腔，使其活塞停于左位不动。当缸A的活塞碰上工件后，系统压力升高，安装于缸A附近的压力继电器C发出信号，使电磁铁2YA通电，液压油进入B缸左腔，推其活塞右行，完成动作②。回路中的节流阀以及与它并联的二位二通电磁阀用来改变B缸的运动速度。为了防止压力继电器乱发信号，其调定压力一定要比A缸的工作压力高0.3～0.5MPa。同时，其又要比系统的溢流阀的调定压力低0.3～0.5MPa。

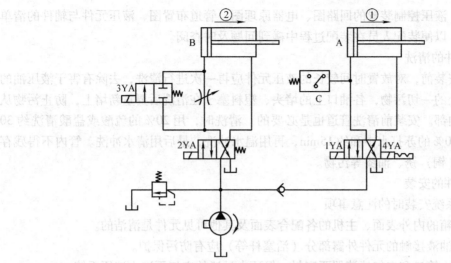

图 7-25　用压力继电器的顺序动作回路

◆ **知识拓展**

一、液压系统的安装与调试

正确安装液压设备是保证液压设备长期稳定工作及有良好工作性能的重要环节。因此，在液压设备的安装过程中，必须熟悉主机的工况特点和液压系统的工作原理及结构特点，严格按照设计要求进行安装。否则，不仅会影响液压设备的性能，还会常出故障甚至造成停机。

1. 安装前的准备工作

在安装液压系统前，安装人员必须做好各种准备工作，这是安装工作顺利进行的基本保证。

（1）物资准备　按照液压系统图和元件明细表，逐一核对液压元件的数量、型号、规格，仔细检查液压元件的质量状况。例如：元件的生产日期不宜过早，否则其内部的密封件可能老化。另外，切不可使用已有明显缺陷的液压元件。同时，准备好适用的工具和装备。

（2）质量检查　液压元件的技术性能是否符合要求，辅助元件质量是否合格，这关系到液压系统工作的可靠性和运行的稳定性。主要检查的内容如下：

1）液压元件上的调节螺钉、手轮及其他配件是否完好无损，电磁阀的电磁铁、电接触式压力表内的开关、压力继电器的内置微动开关是否工作正常，元件及安装底板或油路块的安装面是否平整，沟槽是否有锈蚀。

2）油管的材质牌号、通径、壁厚和管接头的型号、规格是否符合设计要求，软管的生产日期不宜太早。

3）对存放过久的元件，其内部的密封件可能会老化，因此应根据情况进行拆洗和更换密封件。

4）清洗一般先用干净的煤油清洗，再用液压系统中的工作油液清洗。拆洗后装复的液压元件应尽可能进行试验，并应达到规定的技术指标。

（3）技术资料的准备　在液压系统组装前，还应准备好相关的技术文件和资料，如液压系统原理图、液压控制装置的回路图、电器原理图、管道布置图、液压元件与辅件的清单和产品样本等，以便装配人员在装配过程中碰到问题及时查阅。

2. 液压元件的清洗

液压系统安装前，对放置时间较长的液压元件应再一次进行清洗，去除有害于液压油的防锈剂和元件上的一切污物，各油口上的堵头、塑料塞子在清洗后要重新堵上，防止污物从油口进入元件内部。安装前清洗管道也是必要的，清洗时，用 20% 的硫酸或盐酸清洗约 30 分钟，然后用 10% 的苏打水中和约 15min，再用温水冲洗，最后用清水冲洗。管内不得残存金属粉末、铁（铜）锈、油漆等污物。

3. 液压元件的安装

（1）液压系统安装时的注意事项

1）保证油箱的内外表面、主机的各配合表面及其他可见元件是清洁的。

2）与工作油液接触的元件外露部分（活塞杆等）应有防污保护。

3）油箱盖、管口和空气滤清器要密封，保证未过滤的空气不进入液压系统。

4）应在油箱上显眼处贴上说明油的类型和容量的铭牌。

5）装配前，对一些自制的重要元件，如液压缸、管接头等进行耐压试验，试验压力取工作压力的 2 倍或系统最高压力的 1.5 倍。

6）保证安装场地的清洁。

7）液压泵与原动机要用弹性联轴器，保证它们的同轴度误差不超过 0.08mm，用手转动泵轴应轻松，在 360° 范围内没有卡滞现象。

8）液压油要过滤到要求的清洁度后，再灌入油箱。管道的连接，特别是接头处，应牢靠密封，不得漏油。

（2）阀类元件的安装　板式阀类元件安装时，要检查各油口的密封圈是否凸出安装平面一定的高度（一定的压缩余量）。同一安装平面上的各种规格的密封件凸出量要一致，O 形圈涂上少许黄油可以防止脱落。板式方向阀一般应保持轴线水平安装。固定螺钉应均匀、逐次拧紧。使阀的安装平面与底板或油路块的安装平面全部接触，防止外泄。

进、出油口对称的阀，不要装反，应用标记区分进油口和出油口。外形相似的阀，应挂上牌，以免装错。

为了安装和使用方便，管式阀往往有两个进油口和回油口，安装时将不用的进、回油口用螺塞堵死，以免工作时产生喷油而造成外漏。电磁换向阀宜水平安装，必须垂直安装时，电磁铁一般朝上（两位阀）。先导式溢流阀有一遥控口，当不采用远程控制时，应将遥控口堵死或安装板不钻通。

（3）管道的安装　管道在液压系统中的作用是连接各液压元件，使之成为一个整体，同时传输载能的工作介质——液压油，安装管道时应特别注意防振和防漏。管道敷设应考虑拆卸和维护的方便。较长管道的敷设应安装支架或管夹。支架间距按表 7-1 选取，对于要求振动较小的液压系统，还要计算管路的固有频率，使其避开共振管长。

表 7-1　管道支架间距

管道外径	~10	10 ~ 25	25 ~ 50	58 ~ 80	80 ~
支架间距	500 ~ 1000	1000 ~ 1500	1500 ~ 2000	2000 ~ 3000	3000 ~ 5000

橡胶软管要远离热源或采取隔热措施，管道最小弯曲半径应在管径的 10 倍以上。管长除满足弯曲半径和移动行程外，还要留 4% 的余量。管道安装后，要拆下来清洗内、外部，特别是内部。常用酸洗，其工艺为：胶脂→水冲洗→酸洗→中和→纯化→水冲洗→干燥。

清洗完毕后，再装入系统中。

液压系统中，液压泵的吸油管应粗一些，其下面连着的滤油器应在液面下 200mm 处，回油管尽量远离吸油管。系统中溢流阀的回油温度高，也应尽量远离液压泵的吸油管，避免未经冷却的热油被液压泵吸入，造成温升加大。

二、液压设备的维护和保养

一般情况下，液压系统的维护量不是很大，但是，维护对于液压系统无故障工作非常重要。

1. 液压系统使用注意事项

1）油温在 20℃ 以下时，不允许执行元件进行顺序动作，油温达到 60℃ 或以上时应注意系统的工作情况，采取降温措施；若异常升温时，应停车检查。

2）凡停机在 4h 以上的液压设备，先使液压泵空载运转 5min 以上，再起动执行机构工作。

3）凡是液压系统设有补油泵，或系统的控制油路单独用泵供油时，先起动补油泵，或控制油路的油泵，再起动主泵。

4）使用前，熟悉液压设备的操作要领，各手柄的位置、旋向，以免在使用过程中出现误操作。

5）开车前，检查油箱的油面高度，以保证系统有足够的油液。同时，排出系统中的气体。

6）使用中，不允许调整电器控制装置的互锁机构，不允许随意移动各限位开关、挡块、行程撞块的位置。

7）系统中的元件，不准私自拆换，出现故障应及时报告主管部门，请求专门人员修理，不要擅自乱动。

2. 液压设备的日常检查

为使液压设备的寿命较长，使系统无故障工作，除使用中注意前述事项外，日常的检查也不容忽视。它可及时发现问题的征兆，预防事故的发生。通常采用点检和定检的方法。表 7-2 和表 7-3 列出了一般液压设备的点检、定检项目和内容。具体的液压设备，也可根据情况自行制定点检和定检的项目和内容。

表 7-2　液压设备的点检项目和内容

点检时间	项目	内容
起动前	液位	是否达到规定的液面高度
	行程开关、限位块	位置是否正确，是否紧固
	手动、自动循环	是否能按要求正常工作
	电磁阀	是否处于初始工位（中位）

（续）

点检时间	项目	内容
设备运动中	压力	是否在规定的范围内波动
	振动、噪声	是否异常
	油温	是否在 30~50℃ 范围内，不得 >70℃
	漏油	系统有无成滴的泄漏
	电压	是否在规定的 5%~10% 范围内波动

表 7-3　液压设备定检项目和内容

项目	内容
螺钉、管接头	定期紧固，10MPa 以上系统，每月一次，10MPa 以下，3 月一次
过滤器、通气过滤器	一般系统，一月一次，要求较高系统半月一次
密封件	按工作温度、材质、工作压力情况，具体规定
弹簧	一般工作 800h 检查
油的污染度	经 1000h 后，取样化验，对大、精设备，经 600h 后，取样化验，取样要取正在工作时的热油
高压软管	根据使用情况、软管质量，规定更换时间
电气部分	按电器说明书，规定检查维护时间
液压元件	定期对泵、马达、缸、阀进行性能测定，若达不到主要参数规定的指标，即时修理

3. 液压设备的保养

保养一般分为日常保养和定期保养。

（1）日常保养　每班开机前，先检查油箱液位，并目测和手摸油液的污染情况，加油时，要加设计所要求牌号的液压油，并要经过滤后方能加入油箱。检查主要工件及电磁铁是否处在原始状态。开机后，按设计规定和工作要求，调整系统的工作压力、速度使其在规定的范围内。特别是不能在无压力表的情况下进行调压。经常注意系统的工作情况，按时记录下压力、速度、电压、电流等参考值；经常查看管接头处，拧紧螺栓，以防松动而漏油，维持液压设备的工作环境清洁，以防外来污染物进入油箱及液压系统。当液压系统出现故障时，要停机检修，不要勉强带病运行，以免造成大事故。

（2）定期保养　即计划保养，如液压系统工作三个月后，对管接头处的螺钉和各连接螺钉进行紧固，对密封件定期更换，对滤清器的滤芯定期清洗和更换，定期更换液压油，定期清洗油箱。

4. 液压油质量的维护

使用中的统计数据表明，液压油的污染是导致液压系统产生故障的主要原因，使液压油保持清洁不受污染，就能提高液压系统工作的可靠性，延长液压元件和系统的寿命。

污染物的形态一般有：

（1）固体颗粒　它包括元件在加工和组装过程中未清洗干净的金属切屑、焊渣和型砂等，还有外界侵入系统的尘埃，系统在工作中产生的磨屑和油液被氧化后产生的沉淀物等。它们使相互运动零件的表面产生磨料磨损，使元件性能下降，堵塞阀口的小孔，导致阀的故障。

（2）水和空气　水进入油液后，加速油液氧化变质，并与油液中的部分添加剂作用，生成黏性胶质，引起阀芯移动不畅和堵塞过滤器；还能腐蚀金属表面，产生铁锈。空气混入油液中后，降低了油液的体积弹性模量和刚度，使系统动态性能变坏，促使油液氧化变质。

（3）化学污染物　这主要是溶剂、表面活性化合物、油液氧化分解物，这些物质与水反应可生成酸类，腐蚀金属表面，加剧污染。

（4）微生物　水基工作液和含水的石油型液压油中，微生物易于生长和繁殖。大量微生物的存在，会引起油液变质，降低润滑性能。这种危害不容忽视。

学习活动3　制订工作计划

根据任务要求，结合现场勘查掌握的实际情况，将工序、工期及所需工具、材料填写到表中（参照表3-3、表3-4）。

学习活动4　任　务　实　施

1. 任务准备

油箱、先导式电磁换向阀、三位四通Y型电磁换向阀、两个单向阀、两个单向节流阀、压力表、流量计及液压缸等。

2. 工作任务

根据图7-26所示液压试验台的工作原理，请同学们完成以下任务：

1）根据液压泵站的液压系统图安装液压泵站。

2）以小组形式，先分析每个液压元件的作用及工作原理，然后组装、调试，达到技术要求。

3）分析液压系统出现的故障及解决方法。

3. 安全注意事项

1）装配前应认真检查各零件，保证完好，是否符合液压系统的规格。

2）安装时注意保护各种液压元件，并注意和其他元件的连接关系。

3）泵站安装好后，检查各部件连接是否正确，确认无误后在起动。

4）不允许使用铁锤直接敲击箱体和工件，应采用铜棒间接敲击。

5）使用卡簧钳时应注意，防止卡簧（弹簧挡圈）弹飞伤人。

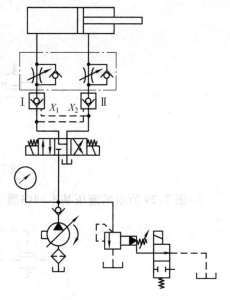

图7-26　液压试验台的工作原理

学习活动5　总结与评价

参照表 1-4 进行综合评价。

 课后思考

（一）选择题

1. 图 7-27 所示的液压基本回路属于（　　）。

A. 增压回路　　　　B. 双向调压回路　　　　C. 减压回路　　　　D. 二级调压回路

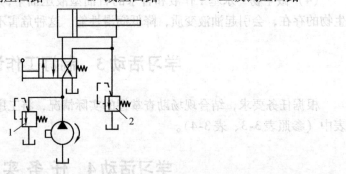

图 7-27　液压基本回路

2. 图 7-28 所示的液压基本回路属于（　　）。

A. 进油路节流回路　B. 回油路节流回路　C. 旁路节流回路　D. 容积调速回路

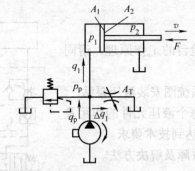

图 7-28　液压基本回路

3. 图 7-29 所示的液压基本回路属于（　　）。

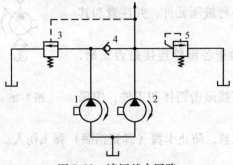

图 7-29　液压基本回路

A. 差动连接快速回路　　　　　　　B. 双泵供油快速回路

C. 增速缸式快速运动回路　　　　　D. 速度换连回路

4. 图 7-30 所示的液压基本回路属于（　　）。

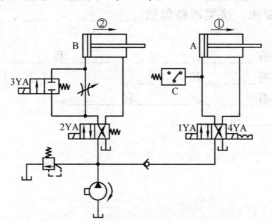

图 7-30　液压基本回路

A. 使用顺序阀的顺序控制回路　　　　B. 压力继电器控制的顺序动作回路

C. 行程阀控制的顺序动作回路　　　　D. 位置同步回路

5. 如图 7-30 所示液压基本回路，回路中的节流阀以及和它并联的二位二通电磁阀用来改变（　　）缸的运动速度。

A. B 缸　　　　　　　B. A 缸　　　　　　　C. A 缸和 B 缸　　　　D. 都不改变

6. 节流阀之所以能调节流量是因为节流阀（　　）。

A. 改变了液压油的通流面积　　　B. 调节了液压泵的流量　　　C. 改变了液压油的流向

（二）判断题（正确的打"√"，错误的打"×"）

（　　）1. 在液压系统中，执行元件的起动、停止，是通过控制进入执行元件的液流的通或断来实现的。

（　　）2. 各种换向阀均可以组成换向回路。

（　　）3. 保压回路可使系统的压力和负载相适应并保持稳定，使系统的压力不超过预先的调定值。

（　　）4. 使执行元件由运动状态平稳地转换成静止状态的回路称为锁紧回路。

（　　）5. 单作用增压缸只能断续供油，若需连续输出高压油，可采用双作用增压缸增压回路。

（　　）6. 目前使用较广的是压力卸荷，即让液压泵在接近于零压时运转。

（　　）7. 先导式溢流阀的远程控制口直接与二位二通电磁阀相连，便构成了一种由先导式溢流阀卸荷的回路。

（　　）8. 差动连快速回路是靠增大进入油缸左腔的流量来增速的。

（　　）9. 换向阀的控制方式选择手动、机动、液动、电磁动和电液动均可。

（　　）10. 制动回路是使液压缸能停留在任意位置上，且停留后不会因有外力作用而移动位置的回路。

（　　）11. 二级调压回路可实现两种不同的压力控制。

（三）填空题（请将正确答案填在横线上）

1. 液压基本回路按功能分为_____、_____、_____和_____等。

2. 压力控制回路是用_____控制阀来控制系统整体或某一局部的_____，满足执行元件对力或转矩的要求。这类回路包括_____、_____、_____和_____等回路。

3. 常用的调压回路有_____、_____、_____和_____。

4. 常用的卸荷回路有_____和_____。

5. 常用的保压回路有_____、_____和_____。

6. 增压回路有_____和_____。

四柱万能液压机液压系统的分析

 学习目标：

1. 掌握阅读较复杂液压系统图的基本步骤。
2. 能通过阅读工作任务单和现场勘察，明确任务要求。
3. 能正确分析 YA32—200 型四柱万能液压机液压系统图。
4. 掌握液压系统的安装、调试、维护和保养的相关知识。

 工作情景描述：

　　在锻压、冲压、粉末冶金、压力成形等加工中，采用液压传动的压力机已十分普遍。液压机的液压系统是一种以压力变换为主的中、高压系统，它的特点是压力高、流量大，故系统必须妥善解决系统能量的合理利用，如图 8-1 所示为 YA32—200 型四柱万能液压机外观，该液压机配以适当的模具可用做折边机或成形机，用于金属材料压制翻边、弯形、拉伸成形等，因此被广泛应用。

图 8-1　YA32—200 型四柱万能液压机的外观

学习活动 1　明确工作任务

　　YA32—200 型四柱万能液压机主要用液压系统来控制的，通过分析该设备的液压系统图，可以看出其中各个液压元件是如何有机组合，构成相应的液压控制回路来完成动作、速度、压力控制的。其压力、速度和行程可根据工艺需要进行调节。那么，它是如何实现这些工作的呢？本任务要求对该设备液压系统进行分析。

学习活动 2　学习相关知识

◆ 引导问题

1. 液压系统图的分析一般考虑哪几个方面？
2. 结合前面所学的知识对 YA32—200 型四柱万能液压机主缸快速下行的油路进行分析。
3. 结合前面所学到的知识对 YA32—200 型四柱万能液压机顶出缸的顶出和退回的油路进行分析。
4. YA32—200 型四柱万能液压机中的变量泵是如何实现变量的？
5. YA32—200 型四柱万能液压机是如何保压的？

◆ 咨询资料

一、阅读较复杂的液压回路图的基本步骤

1）了解液压设备对液压系统的动作要求。
2）逐步浏览整个系统，了解系统（回路）由哪些元件组成，再以各个执行元件为中心，将系统分为若干个子系统。
3）对每一个执行元件及其有关联的阀件等组成的子系统进行分析，并了解子系统包含哪些基本回路；然后，再根据此执行元件的动作要求，参照电磁线圈的动作顺序表读懂子系统。
4）根据液压设备中各执行元件间互锁、同步、防干扰等要求，分析各子系统之间的关系，并进一步读懂系统中是如何实现这些要求的。
5）全面读懂整个系统后，最后归纳总结整个系统的基本特点。

二、液压系统图的分析

在读懂液压系统图的基础上，还必须进一步对该系统进行分析，这样才能评价液压系统的优缺点，使液压系统的性能不断完善。

液压系统图的分析可考虑以下几个方面：
1）液压基本回路的确定是否符合主机的动作要求。
2）各主油路之间、主油路与控制油路之间有无干涉现象。
3）液压元件的代用、变换和合并是否合理、可行。
4）液压系统性能的改进方向。

三、YA32—200 型四柱万能液压机液压系统的特点

液压机的类型很多，但以四柱液压机最为典型。YA32—200 型四柱万能液压机便是其

中的一种。它的执行元件是主缸和顶出缸两个液压缸，分别驱动装于四根立柱上的上、下滑块。为适应各种压力加工，要求主液压缸（上缸）能完成上滑块快速下行、慢速加压、保压延时、快速回程和在任意位置停止等动作；要求顶出缸（下缸）能使下滑块完成向上顶出、停留、向下退回、原位停止等动作。

图 8-2 所示为该机液压系统的工作原理。系统由高压、大流量、恒功率的变量泵 1 和低压、小流量的定量泵 2 组成液压源，变量泵 1 的最高压力可达 32MPa，其工作压力由远程调压阀 5 调定。定量泵 2 的压力由溢流阀 3 调定，其作用是保证电液换向阀的控制油供给。

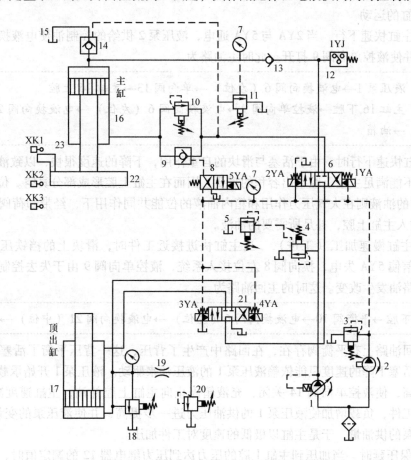

图 8-2　YA32—200 型四柱万能液压机液压系统的工作原理

1—变量泵　2—定量泵　3、4—溢流阀　5—远程调压阀　6、21—电液换向阀
7—压力表　8—换向阀　9、14—液控单向阀　10—平衡阀　11—卸荷阀
12—压力继电器　13—单向阀　15—充液箱　16—主缸　17—顶出缸　18—安全阀
19—节流阀　20—背压阀　22—工件　23—行程开关

该系统主要有以下特点：

1）液压机液压系统的控制油采用专门的低压泵供油，而不直接用系统的高压油作油源，避免了控制油路油量的变化对主油路上执行元件的速度影响。

2）为了不发生误操作，主缸和顶出缸采用了互锁，利用控制主缸的换向阀处于中位时，才能向顶出缸供油的方法，这是非常实用的。

3）本液压系统释能（泄压）回路是结构比较简单的一种，元件少、工作可靠。

4）系统采用液控单向阀保压，工作可靠，结构简单。

5）将液压机滑块的质量作为快速下行时的负载，同时用充液箱对主缸上腔充油，做到了不增加主泵流量的情况下增加滑块的下行速度。

6）主泵采用变量柱塞泵－液压缸式容积调速，提高了系统效率，减少了发热量。

四、液压系统的工作过程

1. 主缸的运动

（1）主缸快速下行　当2YA与5YA通电，液压泵2供给的控制油使电液换向阀6切换到左位，并使液控单向阀9打开。此时主油路为

> 进油路：液压泵1→电液换向阀6（左位）→单向阀13→主缸16上腔
> 回油路：主缸16下腔→液控单向阀9→电液换向阀6（左位）→电液换向阀21（中位）
> 　　　　→油箱

在主缸快速下行时，由于活塞与滑块的自重作用，下降的速度很快，以致液压泵1的全部流量尚不能满足主缸上腔空出容积的需要，因而在主缸上腔形成部分真空。位于顶部的充液箱15内的油液则在大气压力作用和箱内油液的位能共同作用下，经带卸荷阀芯的液控单向阀14进入主缸上腔，补足所需要的油液。

（2）主缸慢速加工（工进）　当主缸快进接近工件时，滑块上的挡铁压下行程开关XK2并发信使5YA失电，换向阀8左位接入系统，液控单向阀9由于失去控制液压油而关闭，主回路油发生改变。这时的主回油路为

> 主缸16下腔→平衡阀10→电液换向阀6（左位）→电液换向阀21（中位）→油箱

由于回油路上有平衡阀存在，在回路中产生了背压，这一背压平衡了活塞与滑块的质量，因而活塞下降的速度只能依赖液压泵1的液压油来驱动。液压泵1开始承载，主缸上腔内压力升高，使液控单向阀14关闭，充液箱停止向主缸上腔补油，主缸速度减慢。同时，滑块碰到工件，负载增加使液压泵1的供油压力进一步提高，并使液压泵的变量机构动作，减小液压泵的供油量，于是主缸以极低的速度对工件加压。

（3）保压延时　当加压到主缸上腔的压力达到压力继电器12的调定值时，压力继电器发信，使2YA断电，电液换向阀6回到中位，使主缸上、下两腔均处于封闭状态。同时液压泵1经电液换向阀6的中位和电液换向阀21的中位卸荷。由于单向阀13防止了主缸上腔的泄漏，因而能在上腔内保持高压。保压时间压力继电器控制的时间继电器调定。

（4）泄压与快速返回　保压过程结束时，时间继电器发出信号使1YA通电，电液换向阀6右位接入系统，但由于此时主缸上腔中的大量高压油积聚了很大的能量，若让它立即与回油路接通，则短时释放出很大的能量，引起冲击和振动。为此，在系统中设置了带阻尼孔的液控卸荷阀11。虽然电液换向阀6已在右位工作，但由于主缸上腔尚未泄压，其高压使卸荷阀11打开，液压泵输出的液压油经阀11的阻尼孔流回油箱，因而供油压力较低，进入主缸下腔后无法使主缸开始回程，同时，液压泵1输出的液压油也打开了液控单向阀14的卸荷阀芯，使主缸上腔的高压油经14流进充液箱15，开始泄压。当泄压持续到主缸上腔的

压力低于卸荷阀 11 的调定值时，卸荷阀 11 关闭。因而液压泵 1 的压力升高，这一压力使单向阀 14 的主阀芯打开，主缸开始回程。这时的油路为

进油路：液压泵 1→电液换向阀 6（右位）→液控单向阀 9→主缸下腔

回油路：主缸上腔→液控单向阀 14→充液箱 15

（5）停止　当滑块上的挡铁在上升过程中压下行程开关 XK1 时，1YA 失电，电液换向阀 6 切换至中位。主缸因而两腔通路被关闭而停止运动。在主缸下腔通路上有平衡阀 10 和液控单向阀 9，因此，主缸活塞和滑块不会因自重而下滑。在停止时，液压泵 1 则经换向阀 6 中位和换向阀 21 中位卸荷。

2. 顶出缸运动

由于液压泵 1 的供油必须经电液换向阀 6 的中位才能到达控制顶出缸运动的电液换向阀 21。因此，顶出缸只有主缸停止状态时才能动作，可有效地防止误操作。顶出缸的动作如下：

（1）顶出　按下顶出按钮，4YA 得电，电液换向阀切至右位工作，此时的油路为

进油路：液压泵 1→电液换向阀 6（中位）→电液换向阀 21（右位）→顶出缸 17 下腔

回油路：缸 17 上腔→电液换向阀 21（右位）→油箱，活塞向上运动

（2）退回　按下退回按钮，3YA 得电，4YA 失电，电液换向阀切至左位工作，此时油路为

进油路：液压泵 1→电液换向阀 6（中位）→电液换向阀 21（左位）→顶出缸 17 上腔

回油路：顶出缸下腔→电液换向阀 21（左位）→油箱，活塞向下运动

（3）浮动压边　顶出缸在薄板拉伸时起压边作用，此时，顶出缸处于顶出状态，令 4YA 失电，使电液换向阀处于中位，顶出缸经阀 21 到油箱的油路被封死。这时，主缸处于慢速加压状态，由于主缸滑块的下压力大，迫使顶出缸活塞下行，因而顶出缸下腔的油液因受压而压力升高。当压力升高到通过节流阀 19 后能打开背压阀 20 时，下腔的油液便能经这条通路流回油箱，从而建立起所需的压边力。安全阀 18 是在节流阀堵塞时起安全作用的。

◆ **知识拓展**

一、YT4543 型动力滑台液压系统分析

组合机床是由一些通用和专用部件组合而成的专用机床。它操作方便、效率高，能完成对工件的钻、扩、镗、铣等工序。动力滑台是组合机床上的主要通用部件。液压动力滑台的液压系统是一种以速度变换为主的液压系统。动力滑台对液压系统的要求是：速度换接平稳、进给速度稳定、功率利用合理、发热少、效率高。

现以 YT4543 型液压动力滑台为例分析其液压系统的工作原理及特点。该动力滑台要求进给速度范围为 $6.6 \sim 600\,\text{mm/min}$，最大进给力为 $4.5 \times 10^4\,\text{N}$。图 8-3 所示为该液压系统的工作原理，该系统采用限压式变量泵供油，电液动换向阀换向。快进由液压缸差动连接来实现。该系统包含了换向回路、速度换接回路、二次进给回路、容积节流阀调速回路和卸荷等

基本回路，可实现快进、慢速工作进给和快退的运动要求。

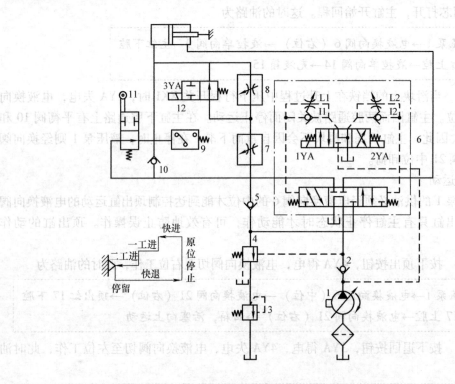

图 8-3　YT4543 型动力滑台液压系统的工作原理
1—变量泵　2、5、10—单向阀　3—背压阀　4—液控顺序阀　6—液动换向阀
7、8—调速阀　9—压力继电器　11—行程阀　12—换向阀

二、YT4543 型动力滑台液压系统的工作原理

YT4543 型动力滑台液压系统可实现多种自动工作循环，现仅以该液压系统典型的工作循环——二次工作进给的自动工作循环为例来说明其工作原理。

1. 快进

按下起动按钮，电磁铁 1YA 得电，电磁换向阀左位工作，控制油经电磁换向阀进入液动换向阀左端，推动阀芯右移，使液动换向阀左位接入系统工作。

滑台快进时不进行切削加工，负载小，系统的压力低，故液控顺序阀 4 关闭，液压缸形成差动连接，而限压变量泵 1 在低压控制下输出最大流量，滑台向左快速前进。单向阀 2 除防止系统中的油液倒流，保护变量泵 1 外，还使控制油路中的油液具有一定的压力，（开启单向阀的调定压力）以控制液动换向阀的启、闭。

> 控制回路（1）进油路：变量泵 1→电磁换向阀左位→单向阀 L1→液动换向阀 6 左腔
> 　　　　　（2）回油路：液动换向阀 6 右腔→节流阀 L2→电磁换向阀左位→油箱
> 主油路（1）进油路：变量泵 1→单向阀 2→液动换向阀 6（左位）→行程阀 11（下位）
> 　　　　　　　　　　→液压缸左腔
> 　　　　（2）回油路：液压缸右腔→液动换向阀 6（左位）→单向阀 5

2. 第一次工作进给

当滑台快速运动到一定位置，滑台上的挡块压下了行程阀 11 的阀芯，切断了该通道，液压油必须经调速阀 7 和二位二通换向阀 12 进入液压缸左腔。由于液压油流经调速阀，系统压力上升，打开了液控顺序阀 4，此时单向阀 5 的上部压力大于下部压力，单向阀 5 关闭，切断了液压缸的差动回路，油缸右腔回油经液控顺序阀 4、背压阀 3 流回油箱。液压滑台转为第一次工进。其油路为

> （1）进油路：变量泵 1→单向阀 2→液动换向阀 6（左位）→调速阀 7→换向阀 12 右位→
> 　　　　　液压缸左腔
> （2）回油路：液压缸右腔调→液动换向阀 6（左位）→顺序阀 4→背压阀 3→油箱

此时为工作进给，系统压力较高，故变量泵 1 的流量减少，有适应工作进给的需要。进给量的大小由调速阀 7 调节。

3. 第二次工作进给

第一次工作进结束后，行程挡块压下行程开关（图中未示出）使二位二通换向阀 12 的 3YA 得电，二位二通换向阀切断了液压油的通路，液压油必须经调速阀 7 和 8 才能进入液压缸左腔，滑台转为第二次工进。由于调速阀 8 的开口比调速阀 7 小，所以进给速度再一次降低。其他油路情况与第一工作进给相同。

4. 止挡块停留

当滑台工作进给完成后，碰上挡块的滑台停留在止挡块处，系统的压力立即升高，当压力升高到压力继电器 9 的调定值时，压力继电器动作，向时间继电器发出信号，由时间继电器控制滑台下一个动作的停留时间。此时变量泵输出的流量极少，仅用来补充泄漏，系统处于保压状态。

5. 快退

时间继电器经延时后，发出信号，使 1YA、3YA 断电，2YA 通电，电液换向阀 6 的电磁换向阀和液动换向阀均处于右位工作，实现换向。油液进入液压缸右腔，由于滑台后退时为空载，系统中压力较低，变量泵 1 的输出流量自动增至最大，使滑台快速退回。当滑台退至快进终点时，放开行程阀 11，回油更畅通。

> 控制油路：（1）进油路：变量泵 1→电磁换向阀（右位）→单向阀 L2→液动换向阀 6
> 　　　　　　　右腔
> 　　　　　（2）回油路：液动换向阀 6 左腔→节流阀 L1→电磁换向阀（右位）→油箱
> 主油路：（1）进油路：变量泵 1→单向阀 2→电液换向阀 6（右位）→液压缸右腔
> 　　　　（2）回油路：液压缸左腔→单向阀 10→液动换向阀（右位）→油箱

6. 原位停止

当滑台快退至原位时，滑台上的挡块压下终点行程开关，使 2YA 断电，电液换向阀 6 中的电磁换向阀和液动换向阀均匀处于中位。液压缸失去动力源处于锁紧状态，滑台停止运动。此时，变量泵 1 输出的油液经单向阀 2 和电液换向阀 6 流回油箱而卸荷。

上述工作循环中，电磁铁的工作状态见表 8-1。

表 8-1 电磁铁和行程阀动作顺序

电磁式或行程阀 动作	电磁铁			行程阀
	1YA	2YA	3YA	
快进	+	—		
Ⅰ工进	+	—	—	+
Ⅱ工进	+	—	+	+
死挡块停留	+	—	+	+
快退	—	+	—	+
原位停止	—	—	—	

注："+"表示电磁铁通电和行程阀压下，"—"表示电磁铁式电和行程阀原位。

三、YT4543 动力滑台液压系统的特点

1）系统采用了限压式变量泵－调速阀－背压阀式的容积节流调速回路，基本上能保证稳定的低速运动（进给速度最小可达 6.6mm/min），有较好的速度刚性和较大的调速范围（$R \approx 100$），系统效率较高，减少了系统发热。采用两调速阀串联的进油路节流调速方式，使起动和速度变换准确且前冲量小，回路上设置背压阀，提高了运动的平稳性，并可使滑台承受一定的负载。

2）系统选用限压式变量泵作为动力元件，其输出的油量能随系统中工作压力的变化而自动调节，工进时没有溢流造成的功率损失。

3）采用电液换向阀换向，提高了换向的平稳性，换向阀的中位机能选为 M 型，能使滑台在原位停止时卸荷。这种卸荷方式功率损耗最低。

4）系统采用变量泵和液压缸差动连接相结合实现滑台快进，能源利用比较合理。

5）采用行程阀和顺序阀实现快进与工进的换接，不仅简化了电路，而且使动作可靠，换接精度也比电气控制高。由于两者速度都较低，采用电磁阀换接能满足速度换接的精度要求。

学习活动3　制订工作计划

根据任务要求，结合现场勘查掌握的实际情况，将工序、工期及所需工具、材料填写到表（参照表3-3、表3-4）中。

学习活动4　任 务 实 施

1. 分析 YA32—200 型四柱万能液压机液压系统的工作原理。

2. 完成 YA32—200 型四柱万能液压机电磁铁动作顺序，见表8-2。

表8-2　YA32—200型四柱万能液压机电磁铁动作顺序

元件 动作		1YA	2YA	3YA	4YA	5YA
主缸	快速下行					
	慢速下行					
	保压					
	泄压、回程					
	停止					
顶出缸	顶出					
	退回					
	压边					

学习活动5　总结与评价

参照表1-4进行综合评价。

 课后思考

（一）典型液压系统分析

数控机床由于采用了计算机控制，自动化程度比较高，近年来得到了广泛的应用和推广。由于液压传动能方便地实现电气控制和自动化，故成为数控机床与控制方式的首选。MJ—50型数控车床的液压系统主要承担卡盘、回转刀架、刀盘及尾架套筒的驱动与控制。它能实现卡盘的夹紧与放松，两种夹紧力（大与小）之间的转换，回转刀盘的正、反转，刀盘的松开与夹紧，尾架套筒的伸缩。液压系统所用电磁铁的通、断均由数控系统的PLC控制，整个系统由卡盘、回转刀盘与尾架套筒三个分系统组成。机床采用变量液压泵作为动力源，系统的调定压力为4MPa。图8-4所示为MJ—50型数控车床液压系统的工作原理。

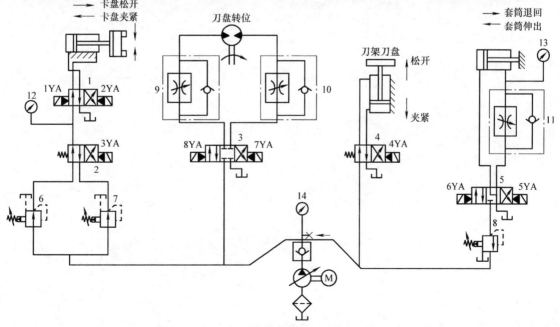

图8-4　MJ—50型数控车床液压系统的工作原理

（二）完成下列问题

1）分析卡盘系统高压夹紧时，写出进油路和回油路的油路走向。

2）写出回转刀盘系统的正、反转的进油路和回油路的油路走向。

3）写出尾架套筒系统中，尾架伸出和尾架缩回的进油路和回油路的油路走向。

4）完成表 8-3 所示电磁铁动作顺序。

表 8-3　电磁铁动作顺序

			1YA	2YA	3YA	4YA	5YA	6YA	7YA	8YA
卡盘	松开									
	夹紧	高								
		低								
刀架	正转									
	反转									
	松开									
	夹紧									
尾架	伸出									
	缩回									

学习任务九

活塞式空压机的安装与检修

 学习目标：

1. 掌握气动系统的组成及各部件的功能。
2. 掌握活塞式空压机的组成及工作原理。
3. 能按照工艺要求、操作规程等，正确使用工具拆卸、安装活塞式空压机。
4. 能根据活塞式空压机的故障现象，分析故障原因，确定故障位置，并实施修复。

 工作情景描述：

气源装置是向气压系统提供干净、干燥压缩空气的动力装置，其核心元件是空压机。它将原动机的机械能转换为压缩空气的压力能，大到可集中供气覆盖整个矿山或厂区，小到单台小微设备。在环保、防爆、潜水、医疗等有特殊要求的环境下使用，优势明显，与液压技术互补形成了流体力学技术应用的优势。它应用的广泛性与企业生产和人民的生活密不可分。

活塞式空压机是空压机的鼻祖，之所以受到用户的青睐是因为它的经济性好、结构简单、制造容易。所以现在装修、维修行业和小微企业使用活塞机仍占主流。

学习活动1 明确工作任务

本任务重点让学生掌握气压传动系统的组成、气源装置的组成及各部分的功能。以CA—51型单活塞立式空压机安装与检测为例，让学生除了掌握CA—51型空压机的结构特征、工作原理及应用范围等内容，更重要的是让学生能对空压机的故障现象进行分析、判断故障原因并找出故障点和加以排除。

现在某台空压机出现了旋转却没有压力输出的故障，请分析故障原因并进行处理。填写表9-1。

表9-1 设备维修联络单

报修部门/班组		报修时间	年 月 日 时
设备名称	活塞式空压机	设备型号/编号	CA—51型

（续）

报修部门/班组		报修时间	年　月　日　时
报修人		联系电话	
故障现象		空压机旋转却没有压力输出	
故障排除记录			
处理的结果			
维修时间		计划工时	
维修人		日期	年　月　日　时
验收人		日期	年　月　日　时

学习活动2　学习相关知识

◆ 引导问题

1. 气压传动的特点是什么？
2. 气压传动系统由哪几部分组成？
3. 常用空压机是如何分类的？
4. 活塞式空压机的特点是什么？
5. 活塞式空压机是怎样分类的？
6. 活塞式空压机由哪几部分组成？
7. 活塞式空压机单缸机头零件有哪些？
8. CA—51活塞式空压机的工作原理是什么？
9. CA—51活塞式空压机的工作过程是什么？
10. 活塞式空压机运转前需要注意哪些事项？

◆ 咨询资料

一、气压传动技术

1. 概述

气压传动与控制技术简称气动技术，是以压缩空气为工作介质来进行能量与信号的传递，实现各种生产过程自动控制的一门技术。它是流体力学与控制学科的一个重要组成部分。传递动力的系统是将压缩气体经过管道和控制阀输送给气动执行元件，把压缩气体的压力能转换为机械能而做功；传递信息的系统是利用电器、电子、气动逻辑元件、射流元件以实现信号采集、传递、逻辑运算等功能，也称为气动控制系统。

2. 气压传动的特点

（1）气压传动的优点

1）以空气作为工作介质，取之不尽，处理方便，用过以后直接排入大气，不会污染环境，且可少设置或不必设置回气管道。

2）空气的黏度很小，只有液压油的万分之一，流动阻力小，所以便于集中供气、中、远距离输送。

3）气动控制动作迅速，反应快；维护简单，工作介质清洁，不存在介质变质和更换等问题。

4）工作环境适应性好。无论是在易燃、易爆、多尘埃、辐射、强磁、振动、冲击等恶劣的环境中，气压传动系统均能工作安全可靠。

5）气动元件结构简单，便于加工制造，使用寿命长，可靠性高。

（2）气压传动的缺点

1）由于空气的可压缩性大，气压传动系统的速度稳定性差，给系统的速度和位置控制精度带来很大的影响。

2）因工作压力低（一般为 0.15~1.0MPa），又因结构尺寸不宜过大，总输出力不宜大于 10~40kN。

3）气压传动系统的噪声大，尤其是排气时，需要加消声器。

4）气动装置中的气信号传递速度在声速以内比电子及光速慢，因此，气动控制系统不宜用于元件级数过多的复杂回路。

（3）气动控制与其他控制的性能比较

气动控制与其他控制的性能比较，见表9-2。

表9-2　几种控制方式的性能比较

比较项目		操作力	动作快慢	环境要求	构造	载荷变化影响	远距离操纵	无级调速	工作寿命	维护	价格
气压控制		中等	较快	适应性好	简单	较大	中距离	较好	长	一般	低
液压控制		最大	较慢	不怕振动	复杂	有一些	短距离	良好	一般	要求高	稍高
电控制	电气	中等	快	要求高	稍复杂	几乎没有	远距离	良好	较短	要求较高	稍高
	电子	最小	最快	要求特高	最复杂	没有	远距离	良好	短	要求更高	最高
机械控制		较大	一般	一般	一般	没有	短距离	较困难	一般	简单	一般

3. 气压传动系统的组成

（1）气源装置　气源装置是压缩空气的发生装置，其核心元件是空气压缩机。它将原动机的机械能转换为压缩空气的压力能，并使其压缩空气达到干净、干燥的使用要求。

（2）执行元件　执行元件是气压传动系统的能量输出装置，元件有气缸和气马达，它们将压缩空气的压力能转换为机械能。运动的形式包括：移动、转动、摆动和振动。

（3）控制元件　控制元件用以控制压缩空气的压力、流量、流动方向，以保证系统各执行机构具有一定的输出动力和速度的元件，即各类压力阀、流量阀、方向阀和逻辑阀等。

（4）辅助元件　辅助元件即过滤器、冷却器、油雾器、干燥器、加热器、消声器和管路等。它们对保持系统正常、可靠、稳定和持久地工作，起着十分重要的作用。

（5）工作介质　气压传动系统中所用的工作介质是压缩空气。

4. 大型气源装置

大型气源装置平面布置示意图，如图9-1所示。粗过滤器装在空压机1的进气口上，它能先过滤空气中一些不小于 0.20mm 的固体杂质。后冷却器 2 用以冷却压缩空气,使汽化的液体(主要是水、油)凝结出来。油水分离器 3 使液体杂质从压缩空气中分离出来,集留在分离器 3 的底部,从排液口排出。储气罐 4 储存压缩空气、散热、稳压,并除去剩余的液体,储气罐中输出的压缩空气可用于一般要求的工业用气或气压传动系统。净化器 5 用以进一步吸收异味和净化有害有毒气体并能排除气体中的污物,使之变成干燥、清洁的空气。空气精过滤器 6 用以进一步过滤压缩空气中不大于 0.03 ~ 0.19mm 细微固体杂质。从储气罐 7 输出的压缩空气可供要求较高的工业用气,以及气动系统使用。

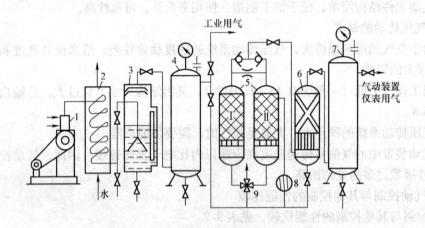

图 9-1　气源装置平面布置示意图

1—空压机　2—后冷却器　3—油水分离器　4、7—储气罐　5—净化器　6—精过滤器　8—加热器　9—排污器

5. 简单气源装置

简单气源装置系统图见图 9-2 所示。各组成部分的图形符号、功能和作用见表 9-3。

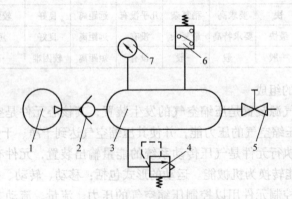

图 9-2　简单气源装置系统图

1—空压机头　2—逆止阀　3—储气罐　4—安全阀　5—截止阀　6—压力开关　7—压力表

二、空压机的类型

常用空压机类型见表 9-4。

表 9-3 气源装置的组成

组成部分	图形符号		功能和作用
空压机			机械能转化成气压能，向气压系统提供压缩空气
冷却器			将空压机出口的压缩空气冷却至 40~50℃以下，其中大部分水蒸气和油雾冷凝成液态水滴和油滴以利清除
油水分离器	手动		将经后冷却器降温析出的液体等杂质从压缩空气中分离出去
	自动		
储气罐			储存能量并可以消除压缩空气压力脉动，保证供气的连续性和稳定性，散热
过滤器	手动		清除压缩空气中的油雾、水和粉尘，当过滤器集液杯污液容积达到规定值时需要手动打开排污阀进行排污，可以实现手动控制
	自动		清除压缩空气中的油雾，水和粉尘，当过滤器集液杯污液容积达到设定值时排污阀自动打开进行排污，可以实现自动控制
干燥器			进一步去除压缩空气中的水、油和灰尘

表 9-4 常用空压机的类型

分类标准	类别	说明	分类标准	类别	说明	
按照压力划分	低压型	0.2~1.0MPa	按照工作原理划分	容积型	往复式	活塞式膜片式
	中压型	1.0~10MPa			旋转式	滑片式螺杆式
	高压型	>10MPa		速度型	离心式	
					轴流式	

三、活塞式空压机的特点及分类

1. 活塞式空压机的特点

活塞式空压机的优点：结构简单、造价低、使用方便并且能实现大容量和高压输出。

活塞式空压机的缺点：振动大，噪声大，且因为排气为断续进行，输出有脉冲，需要储气罐。

2. 活塞式空压机的分类

活塞式空压机有多种结构形式：

1）按照气缸的配置方式划分，可分为有立式、卧式、角度式、对称平衡式和对置式几种。

2）按照压缩级数划分，可分为单级式、双级式和多级式三种。

3）按照设置方式划分，可分为移动式和固定式两种。

4）按照控制方式划分，可分为卸荷式和压力开关式两种。其中卸荷式控制方式是指当储气罐内的压力达到设定值时，空压机不停止运转而通过打开卸荷阀进行不压缩运转；它适用于大型空压机控制运转。压力开关式控制方式是当储气罐内的压力达到设定值时，空压机自动停止运转；它适用于小型空压机控制运转。

四、CA—51 型活塞式空压机

1. CA—51 型活塞式空压机的外观（见图 9-3）

1）活塞式空压机的噪声不小于 65dB。

2）CA—51 型活塞式空压机型号中 CA 是企业设计牌号，51 是活塞缸的直径，即 51mm。

2. CA—51 型空压机的组成

（1）动力部分　包括电动机和机头。电动机是将电能转化成机械能，通过传动带、传动带轮带动曲轴转动，曲轴带着连杆，连杆带着活塞做往复运动，通过配气阀交替向储气罐提供压缩空气。

（2）辅助部分　包括过滤器、传动带、传动带轮、储气罐、管、管接件、压力表、机身连接架等。其作用是支撑动力部件、连接气路、传递动力、过滤空气等。

（3）控制部分　包括电动机配电盘、压力开关、安全阀、逆止阀、排污阀等。配电盘

图 9-3　CA—51 型活塞式空压机的外观

给电动机提供所需的电源和过载保护，压力开关对储气罐压力实施调压和过压保护，安全阀是实施超压释放保护，逆止阀使产生的压缩空气只能流向储气罐不能倒流，排污阀将储气罐内沉淀的液体排出。

3. 单缸机头的结构

单缸机头的结构如图 9-4 所示。机头的主要零件有：内六角圆柱头螺栓、缸盖、排气阀、吸气阀、活塞、活塞环、心轴、孔用卡簧、连杆、曲轴、轴承、轴承座、缸体、机头壳、轴用卡簧、螺钉和泄气阀等。

4. 活塞式空压机工作原理

如图 9-5 所示，活塞的往复运动是由电动机带动 V 带，V 带带动大带轮 13，大带轮 13 带动曲轴 9，曲轴 9 带动连杆 7，连杆 7 带动 5 活塞做往复运动。当气缸内做往复运动的活塞向下移动时，气缸内活塞上腔的压力低于大气压力，吸气阀开启，空气吸入缸内，活塞到达最大行程时这个过程称为吸气过程。活塞开始向上移动使缸内的空气容积逐渐压缩变小，吸气阀关闭，这个过程称为压缩过程。当活塞上腔压力高于输出管道 8 内压力后，排气阀打开。压缩空气送至输出管路内，这个过程称为排气过程。

这种结构的空压机在排气过程结束时总有剩余容积存在。在下一次吸气时，剩余容积内压缩空气会膨胀，从而减少了吸气的空气量，降低了效率，增加了压缩功。而且，由于剩余容积的存在，当压缩比增大时，温度急剧升高。故当输出压力较高时，应采取分级压缩。分级压缩可降低排气温度，节省压缩功，提高容积效率，增加压缩气体排气量。

单级活塞式空压机常用于需要 0.3~0.7MPa 压力范围的气压系统。单级活塞式空压机若压力超过 0.6MPa，各项性能指标将急剧下降，故往往采用多级压缩，以提高输出压力。为了提高效率，降低空气温度，需要进行中间冷却。

5. 工作过程

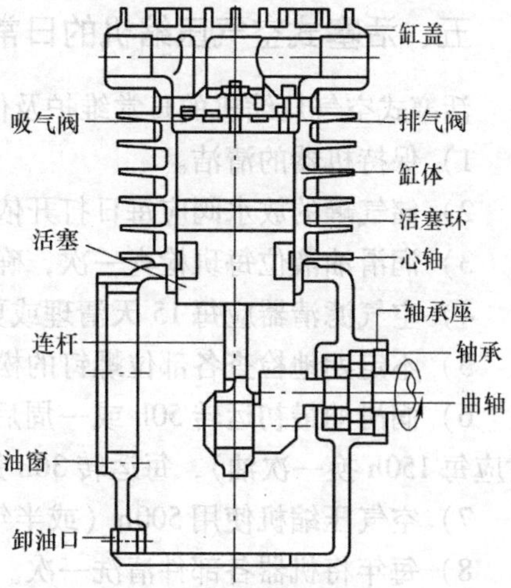

空压机的电动机带着小轮旋转，通过 V 带带着大轮旋转，大轮带着曲轴旋转，曲轴带着连杆，连杆带着活塞在气缸内作往复运动，通过配气阀交替向储气罐提供压缩空气。

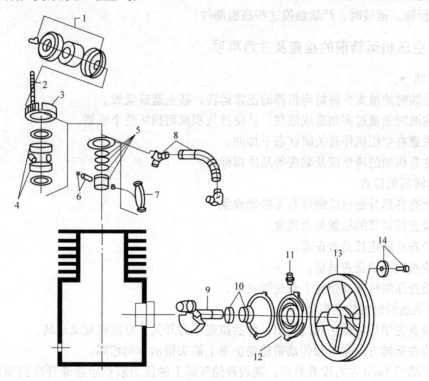

图 9-4　单缸机头的结构

（缸盖、排气阀、缸体、活塞环、心轴、轴承座、轴承、曲轴、吸气阀、活塞、连杆、油窗、卸油口）

图 9-5　CA—51 型活塞式空压机分解图

1—空气过滤器　2—内六角圆柱头螺栓　3—缸盖　4—配气阀　5—活塞与活塞环　6—心轴、卡簧　7—连杆
8—连接管与输出管道　9—曲轴　10—轴承　11—泄气阀　12—轴承座　13—大带轮　14—垫片与锁紧螺钉

五、活塞式空气压缩机的日常维护及保养

活塞式空气压缩机的日常维护及保养，应注意以下事项：

1）保持机器的清洁。

2）储气罐的放水阀应每日打开依次排除油水。在湿气较重的地方，每4h打开一次。

3）润滑油液位每班检查一次，确保空压机的正常润滑。

4）空气滤清器应每15天清理或更换一次滤芯。

5）不定期地检查各部位螺钉的松紧程度。

6）润滑油最初运转50h或一周后更换新油，以后每300h换新油一次（使用环境较差时应每150h换一次油），每运转36h加油一次。

7）空气压缩机使用500h（或半年）后将配气阀拆出清洗。

8）每年将机器各部件清洗一次。

9）定期检查所有防护罩、警告标识等安全防护装置。

10）定期检查空压机的压力、释放装置的灵敏性、停车保护装置的可靠性、压力表指示的精度，确保空压机正常工作。

11）定期检查受高温的零部件，如配气阀、气缸盖、排气管道，清除附着在内壁上的油垢和积炭物。运转时，严禁触摸这些高温部件。

六、空压机运转前的检查及注意事项

1. 注油

1）注油时油量太少将妨碍机器的正常运转，甚至造成烧毁。

2）注油时油量过多则造成浪费，且使排气积炭而损坏整个机器。

3）注意在空压机停转关闭状态下加油。

4）注意机油的清洁度及黏度等品质指标。

2. 运转前的检查

1）检查各部分螺栓或螺母有无松动现象。

2）检查传动带的松紧是否适度。

3）检查管路连接是否正常。

4）检查润滑油是否适量。

5）检查压缩机传动带轮手动是否灵活。

3. 开始运转时的注意事项

1）检查完毕后将截止阀门关闭，然后拉起压力开关，空压机起动运转。

2）检查运转方向是否和传动带轮防护罩上箭头指示方向相同。

3）起动后1min左右没有异声，则观看储气罐上的压力表指示逐渐升高到预定的压力，再进行保护功能测试。

4）当储气罐中的压力升到设定压力后，压力开关能自动切断电源使电动机停止运转。

5）检查安全阀的动作是否正常。

6）检查压力控制部分是否灵敏。

7）安全阀的泄压极限压力能否达到设定值。

学习活动3　制订工作计划

1. 根据任务要求，对小组成员进行分工。

2. 列出材料、工具表。

3. 制订施工工序。

学习活动4　任务实施

一、工作准备

1）资料的准备。准备相关的图样及说明书等。

2）工作环境的准备。要考虑检修的场所足够大，现场检修时不要妨碍运输通道。

3）工具、量具、设备的准备。工具、量具要准备齐全并满足检修需要，根据所检修设备的重量、体积等因素选配起重设备的类型和吨位数。

4）更换的零件、部件、材料的准备。需要更换的零件、部件的规格型号要与原件能匹配。

5）试验的准备。实验所需的气源、仪器仪表功能状态良好。

二、安装与实验工艺要求

1）按照平面布置图技术要求进行，动力元件和传递机构的连接符合安装要求。

2）大传动带轮与小传动带轮带槽在水平方向要对齐。

3）传动带张紧程度要适度，15kg下压力传动带下沉6~8mm以内。

4）安装完毕用手盘动大带轮旋转灵活、无卡阻现象。

5）调试完毕，先点动两次后，再正常起动。

6）安装顺序是将经过故障分析，按照拆卸的顺序，反过来进行安装的；也可以一部分、一部分组装好，再进行系统连接。

三、安全要求

1）拆卸工作必须在切断电源条件下方可进行。

2）安装操作必须按照装配技术要求进行。

3）试验时全体人员应撤离空压机后方可送电。

4）先点检两次无异常情况，再送电连续试验。

5）注意机头的温度小于110℃。

四、空压机常见故障分析与维修方法

1. 故障现象

1）活塞式空压机出现无压力的现象。

2）空气压缩机出现效率低的现象。

3）活塞式空压机出现不能回转的现象。

2. 故障分析

1）空压机故障诊断与排除的主要工作内容有判定故障的性质与严重程度。是什么性质的问题（压力、速度、动作还是其他）及问题的严重程度（正常、轻微故障、一般故障还是严重故障）。

2）查找失效元件及失效位置，根据症状及相关信息，找出故障点，以便进一步排除故障。还要弄清故障的外部原因、机理分析，对故障的因果关系进行深入的分析与探讨，弄清故障产生的根源。

3）故障排除主要是消除引起故障的各类因素，使系统恢复到正常状态。

3. 故障处理对策（见表9-5）

1）空气压缩机的故障有止逆阀损坏、活塞环磨损严重、进气阀片损坏和空气过滤器堵塞等。

2）若要判断止逆阀是否损坏，只需在空气压缩机自动停机几十秒后，将电源关掉，用手盘动大带轮，如果能较轻松地转动几周，则表明止逆阀未损坏；反之，止逆阀已损坏；另外，也可从自动压力开关下面的排气口的排气情况来进行判断，一般在空气压缩机自动停机后应在十几秒后就停止排气，如果一直在排气直至空气压缩机再次起动时才停止，则说明止逆阀已损坏，必须更换。

3）当空气压缩机的压力上升缓慢并伴有窜油现象时，表明空气压缩机的活塞环已严重磨损，应及时更换。

4）当进气阀片损坏或空气过滤器堵塞时，也会使空气压缩机的压力上升缓慢（但没有窜油现象）。检查时，可将手掌放至空气过滤器的进气口上，如果有热气向外顶，则说明进气阀部位已损坏，必须更换；如果吸力较小，一般是空气过滤器较脏所致，应清洗或更换过滤器。

表 9-5　故障原因和处理对策

故障现象	故障原因	处理对策
起动不良	电压低	与电力部门联系解决
	排气单向阀泄漏	拆卸、检查并清洗阀门
	卸流动作失灵	拆修
	压力开关失灵	重新调整或更换
	电磁继电器故障	修理或更换
	排气阀损坏	拆卸更换
	电动机单相运转	修理、测量电源电压
	低温起动	保温、使用低温用润滑油
	熔丝熔断	电阻测量、更换
	进气阀损坏	拆卸、清洗、更换
运转声音异常	轴承磨损	拆卸、检查、更换
	传动带打滑	调整张力
	配气阀动作失灵	拆卸检查
	活塞环咬紧缸筒	拆卸检查清洗
	气缸磨损	拆卸更换

（续）

故障现象	故障原因	处理对策
空气压缩机出现效率低	缸盖夹紧部分泄漏	夹紧密封
	压力计抖动	调整或更换
	吸气过滤器阻塞	清扫或更换
	逆止阀门破损	拆卸更换
电流过大	排气口附着碳粒	拆卸清洗
润滑油消耗过量	曲柄室漏油	更换密封件、夹紧密封
	气缸磨损	拆卸更换
	压缩机倾斜	位置修正
	润滑油管理不善	定期补油、换油
	吸入粉尘	检查吸气过滤器
凝液排出	气罐内凝液没有排出	定期排放凝液
安全阀动作	压力开关、卸流阀的故障	动作检查、拆卸、调整、更换
	由外部进入逆流空气	检查超压原因
	冷却水不足、断水	设置温度开关、断水警报器
压缩机过热	设置在密闭室内	进行换气

4. 空压机的常见故障及处理方法

空压机的常见故障及处理方法，见表9-6。

表9-6　空压机的常见故障及处理方法

故障类型	故障现象	故障原因	排除故障方法
空气压缩机能回转	旋转方向不对	电动机接线错误	对调任意两根接线
	转动很慢	传动带太松、打滑	调紧传动带
	空压机振动剧烈	曲轴弯曲	更换新件
	出现无压力的现象或升到某种程度后不能再升高	1. 阀片动作不良 2. 阀片阀座不平漏气 3. 阀体附有灰尘或积炭 4. 安全阀漏气 5. 螺纹孔漏气 6. 活塞环漏气 7. 石棉垫板不良（过厚） 8. 排气排水开关漏气	1. 修磨或更换阀片 2. 修磨或更换 3. 拆开阀体清理 4. 拆除或更换安全阀 5. 扭紧螺栓或在螺栓上加垫后锁紧 6. 更换活塞环 7. 更换石棉垫板 8. 更换排气排水开关
	排气量少效率低	1. 管路系统堵塞 2. 空气滤清器脏 3. 阀组松动 4. 阀片破损 5. 活塞环过度磨损 6. 气缸过度磨损	1. 清除管路 2. 更换滤网 3. 锁紧阀组 4. 更换阀组或阀片检查传动带松紧 5. 更换新品 6. 更换新品
	压力表指示不准	压力表损坏	更换新品

（续）

故障类型	故障现象	故障原因	排除故障方法
空气压缩机能回转	润滑油消耗过多	1. 活塞环磨损 2. 气缸磨损	1. 更换新品 2. 更换新品
	传动带打滑	1. 使用压力过高 2. 传动带过松 3. 传动带磨损严重	1. 减低使用压力 2. 拉紧传动带 3. 更换新传动带
空气压缩机不能回转	电动机过热	1. 使用压力超过规定最高压力，导致电动机负载过高 2. 轴承研毁	1. 降低使用压力，送专门工厂修理 2. 安装稳压器
	没有声音	1. 停电 2. 配线断掉	1. 更换配线 2. 送专门工厂修理
	熔丝易断	1. 熔丝过细 2. 接线错误 3. 电动机超载 4. 空气压缩机的曲轴过紧	1. 更换较大熔丝 2. 更正配线 3. 减轻负载 4. 拆开检修

学习活动 5　总结与评价

参照表 1-4 进行综合评价。

 课后思考

（一）填空题

1. 气源装置的核心元件就是 _____ 机。

2. 活塞式空压机的噪声不小于 _____ dB。

3. CA—51 型活塞式空压机型号中 CA 是企业设计牌号，51 是活塞缸的 _____ 51mm。

4. 空压机 CA—51 机型的组成，动力部分包括电动机和 _____。电动机是将电能转化成机械能，通过传动带、传动带轮带动 _____ 轴转动，_____ 轴带着连杆，连杆带着活塞做往复运动，通过 _____ 阀向储气罐提供压缩空气。

5. 空压机 CA—51 机型的组成，辅助部分包括 _____ 器、传送带、传动带轮、储气罐、管、管接件、压力表、机身连接架等。

6. 空压机 CA—51 机型的组成，控制部分包括电动机配电盘、压力开关、_____ 阀等。

7. 空压机 CA—51 机型的组成，机头的主要零件有，缸盖、_____ 阀、_____ 阀、活塞、活塞环、心轴、连杆、曲轴、轴承、轴承座、缸体、机头壳、轴用卡簧等。

8. 活塞式空压机按气缸的配置方式分类有 _____ 式、_____ 式、角度式、对称平衡式和对置式几种。

9. 活塞式空压机按压缩级数可分为 _____ 级式、_____ 级式和多级式三种。

10. 活塞式空压机按控制方式可分为 _____ 式和 _____ 式两种。

（二）判断题

（　　）1. 活塞式空压机的优点是结构复杂、造价低、使用方便。

（　　）2. 活塞式空压机缺点是振动大，噪声大，且因为排气为断续进行，输出没有脉冲，需要储气罐。

（　　）3. 气压传动系统由五个部分组成。

（　　）4. 气源装置将原动机的机械能转换为压缩空气的压力能。

（　　）5. 执行元件是气压传动系统的能量输出装置，元件有气缸和气泵。

（　　）6. 执行元件是将压缩空气的压力能转换为机械能。其运动形式有：移动、转动、摆动、振动。

（　　）7. 控制元件用以控制压缩空气的压力、流量、流动方向以保证系统各执行机构具有一定的输出动力和速度的元件，即各类压力阀、流量阀、方向阀和逻辑阀等。

（　　）8. 辅助元件包括过滤器、冷却器、油雾器、干燥器、加热器、消声器、管路、信号传感器等。

（三）选择题

1. 活塞式空压机的分类：按（　　）方式可分为移动式和固定式两种。

A. 设置　　　　　　　B. 设计　　　　　　　C. 活动

2. 活塞式空压机的分类：按（　　）方式可分为卸荷式和压力开关式两种。

A. 控制　　　　　　　B. 连接　　　　　　　C. 使用

3. 空压机日常保养中应定期检查（　　）的零部件，如阀、气缸盖、排气管道清除附着在内壁上的油垢和积炭物。

A. 受高温　　　　　　B. 受力　　　　　　　C. 旋转

4. 空压机实验时注油量（　　）将妨碍机器的正常运转，甚至于造成烧毁。

A. 太少　　　　　　　B. 太多　　　　　　　C. 太浓

5. 请注意在空压机（　　）机状态下加油。

A. 停　　　　　　　　B. 开　　　　　　　　C. 运转

（四）简答题

1. 常用的空压机有哪些类型？

2. 活塞式空压机是怎样分类的？

3. 气压传动的优点是什么？

4. 气压传动的缺点是什么？

学习任务十

气动冲床的检修

学习目标：

1. 能分析气动冲床气动系统的组成及工作原理。
2. 掌握气缸的结构及工作原理。
3. 能根据动作要求设计并能连接相应的气动回路。
4. 能对气缸常见的故障进行分析，并能排除故障。

工作情景描述：

  某啤酒集团公司生产啤酒瓶盖内的橡胶密封垫片，所用设备为 XP—02 型气动冲床。如图 10-1 所示，气动冲床用于完成橡胶密封垫或小型制件的冲裁加工。设备中主要元件气缸

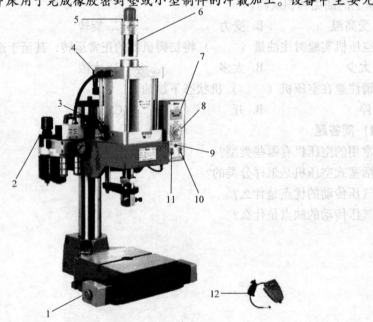

图 10-1　气动冲床

1—控制按钮（需左右一起按下才能作压床动作，另有脚踏开关控制选用）　2—三点组合（控制压力范围，便于压配效能）

3—可调气缓冲（使机器的动作更平稳）　4—工作台调整手轮（调整工作台下高度）　5—锁紧螺钉

6—下压行程调整组（锁紧螺钉必须放松）　7—计数器（归零功能，能了解每日生产量，便于管理了解成本）

8—计时器（控制压配的时间）　9—电源指示灯　10—定时开关（开启时控制动作时间，手动控制）

11—电源开关（起动/关闭电源）　12—脚踏控制开关

是气动执行元件的代表性元件。在气压系统里主要动作的形式是移动、摆动、振动、蠕动都可以选用气缸来完成，所以在机械设备中应用较为广泛。

学习活动1　明确工作任务

本任务以气动冲床为例，重点让学生掌握气缸的分类、组成、结构特点和安装方法等。能分析 XP—02 型气动冲床气动系统的工作原理。难点是让学生能对气动冲床的故障现象，进行分析、判断故障原因、找出故障点并能进行排除。

现在某冲床出现冲剪无力的故障，请同学分析故障的原因并对冲床故障进行处理。填写设备维修联络单（见表9-1）。

学习活动2　学习相关知识

◆ 引导问题

1. 气动冲床由哪些气动元件组成？
2. 气缸按压缩空气在活塞端面作用力的方向如何分类？
3. 气缸按功能如何分类？
4. 气缸由哪些零件组成？
5. 气缸的工作原理是什么？
6. 气缸选用基本原则是什么？
7. 单作用气缸的图形符号是什么？
8. 双作用气缸的图形符号是什么？
9. 安装气缸时需要做哪些准备工作？
10. 气缸出现动作迟缓的原因有哪些？如何解决？

◆ 咨询资料

一、气动冲床气动元件的组成

气动冲床气动元件的组成见表10-1。所使用的气缸属于普通双作用单活塞气缸。XP—02 型气动冲床气动系统的工作原理，如图10-2所示。

表 10-1　气动元件的组成

名称	规格/型号	数量	名称	规格/型号	数量
双作用气缸		1	单电控换向阀		1
手动换向阀		2	单向节流阀		2
三联件		1	胶管	10mm	

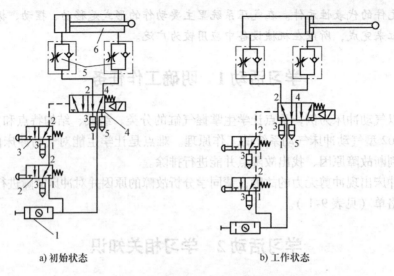

a) 初始状态　　　　　　　　　　　　　b) 工作状态

图 10-2　XP-02 型气动冲床气动系统的工作原理

1—气源三联件　2、3—手控 3/2 阀　4—5/2 换向阀　5—调速阀　6—双作用气缸

二、气缸的分类

气缸的种类很多，分类的方法也各不相同，下面按照压缩空气作用在活塞端面作用力的方向、结构特点、功能和安装方式等进行分类。

1. 按照压缩空气在活塞端面作用力的方向分类

可分为单作用气缸与双作用气缸。单作用气缸只有一个方向靠压缩空气推动，复位靠弹簧力、自重和其他外力。双作用气缸的往返运动全靠压缩空气推动。

2. 按照气缸的结构特点分类

可分为活塞式、薄膜式、柱塞式和摆动式气缸等。

3. 按照气缸的功能分类

可分为普通气缸与特殊气缸。普通气缸包括单作用式和双作用式气缸。特殊气缸包括冲击气缸、缓冲气缸、气液阻尼缸、步进气缸和摆动气缸等。

4. 按照气缸的安装方式分类

可分为耳座式、法兰式、轴销式和凸缘式。

5. 按照尺寸分类

1）通常将缸径为 $\phi 2.5 \sim 6$mm 的称为微型气缸。

2）$\phi 8 \sim 25$mm 为小型气缸。

3）$\phi 32 \sim 320$mm 为中型气缸。

4）缸径大于 320mm 为大型气缸。

6. 按照润滑方式分类

可分为给油气缸和不给油气缸两种。给油气缸使用的工作介质是含油雾的压缩空气，对气缸内活塞、缸筒等相对运动部件进行润滑。不给油气缸所使用的压缩空气中不含油雾，是靠装配前预先添加在密封圈内的润滑脂使气缸运动部件润滑的。

使用时应注意的是：不给油气缸也可以给油使用，但是只要给油使用后，则必须一直给油使用，否则将引起密封件过快磨损。这是因为压缩空气中的油雾已将润滑脂洗去，而使气缸内部处于无油润滑状态了。

三、普通气缸组成及工作原理

1. 气缸的组成

气缸主要由活塞杆、活塞、前缸盖、后缸盖、密封圈及缸筒等组成，如图 10-3 所示。

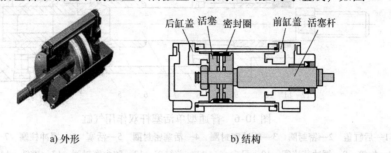

后缸盖　活塞　密封圈　前缸盖　活塞杆

a) 外形　　　　　　　b) 结构

图 10-3　普通气缸

2. 气缸的工作原理

如图 10-4 所示，当压缩空气进入气缸的左腔，压缩空气的压力作用于活塞上，当能克服活塞杆上的所有负载时，活塞推动活塞杆伸出，活塞杆对外做功；反之活塞杆收回，完成一个往复运动。

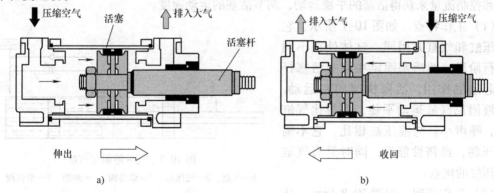

压缩空气　活塞　　　排入大气　　　活塞杆　　　排入大气　　　压缩空气

伸出　　　　　　　　　　　　　　　　收回

a)　　　　　　　　　　　　　　　　b)

图 10-4　普通气缸的工作原理

（1）单作用气缸　如图 10-5 所示为弹簧复位式单作用气缸，这种气缸在夹紧装置中应用较多。这种气缸在一个方向的运动由气压驱动，在另一个方向的运动由其他机械力驱动。

（2）双作用气缸　如图 10-6 所示为普通型单活塞杆双作用气缸。所谓双作用是指活塞的往复运动均由压缩空气来推动。在单伸出活塞杆的动力缸中，因活塞右边面积比较大，当空气压力作用

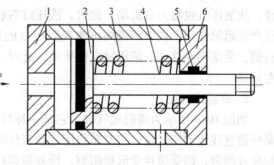

图 10-5　弹簧复位式单作用气缸

1—后缸盖　2—活塞　3—弹簧
4—活塞杆　5—密封件　6—前缸盖

在活塞腔时，提供一个慢速的大力的工作行程；返回行程时，由于活塞杆腔时其面积小于活塞腔，所以速度较快而作用力变小。此类气缸使用最广泛，一般应用于包装机械、食品机械和五金机械等设备上。

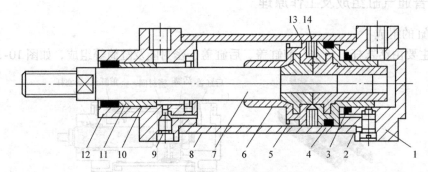

图 10-6　普通型单活塞杆双作用气缸

1—后缸盖　2—密封圈　3—缓冲密封圈　4—活塞密封圈　5—活塞　6—缓冲柱塞　7—活塞杆
8—缸筒　9—缓冲节流阀　10—导向套　11—前缸盖　12—防尘密封圈　13—磁铁　14—向导环

四、特殊气缸的工作特点及工作原理

1. 气–液阻尼气缸

气–液阻尼气缸是由气缸和液压缸组合而成的，它以压缩空气为能源，利用油液的压缩性小和控制流量来获得活塞的平稳运动，调节活塞的运动速度。

（1）工作特点　如图 10-7 所示，它的液压缸和气缸共用同一缸体处在不同的运行阶段，两活塞固定在同一活塞杆上，起阻尼作用，活塞快速向左运动。气–液阻尼气缸运动平稳，停位比气缸精确，噪声小。与液压缸相比，它不需要液压源，经济性能好，同时具有气缸和液压缸的优点。

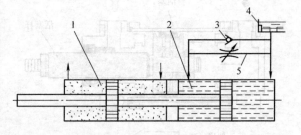

图 10-7　气–液阻尼气缸

1—气缸　2—液压缸　3—单向阀　4—油箱　5—节流阀

（2）工作原理　如图 10-8 所示，压缩空气自 A 口进入气缸左侧，推动活塞向右运动，因液压缸活塞与气缸活塞共用一个活塞杆，故液压缸也将向右运动，此时，液压缸右腔排油，油液由 A1 口经节流阀而对活塞的运动产生阻尼作用，调节节流阀可改变阻尼缸的运动速度。反之，压缩空气自 B 口进入气缸右侧，活塞向左移动，液压缸左侧排油，此时，单向阀开启，不产生阻尼作用，活塞快速向左运动。

2. 薄膜式气缸

如图 10-9 所示为薄膜式气缸。它是一种利用膜片在压缩空气作用下产生变形来推动活塞杆做直线运动的气缸，它有单作用式和双作用式两种。薄膜式气缸中的膜片有平膜片和盘形膜片两种，因受膜片变形量限制，活塞位移较小，一般都不超过 50mm。

3. 无活塞杆气缸

无活塞杆气缸没有普通气缸的刚性活塞杆，它利用活塞直接或间接实现直线运动，如图

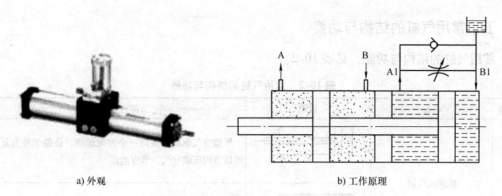

a) 外观　　　　　　　　　　　b) 工作原理

图 10-8　气 – 液阻尼气缸的外观及工作原理

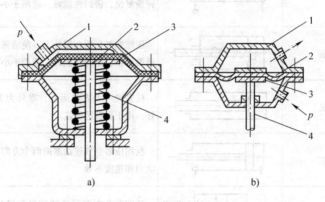

a)　　　　　　　　　　　b)

图 10-9　薄膜式气缸

1—缸体　2—膜片　3—膜盘　4—活塞杆

10-10 所示，无活塞杆气缸由缸筒 2，防尘和抗压密封件 7、4，无杆活塞 3 和左右缸盖 1，传动舌片 5，导架 6 等和拉制而成的铝气缸筒沿轴向长度方向组成。

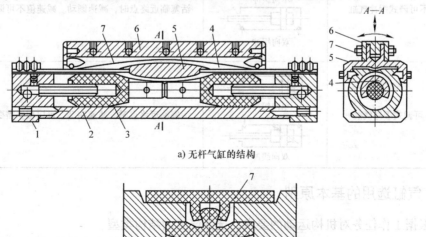

a) 无杆气缸的结构

b) 气缸槽密封布置

图 10-10　无活塞杆气缸

1—缸盖　2—缸筒　3—无杆活塞　4—内部抗压密封件　5—传动舌片　6—导架　7—外部防尘密封件

五、常用气缸的结构与功能

常用气缸的结构与功能，见表10-2。

表10-2　常用气缸的结构与功能

类型	名称	简图	原理及功能
单作用气缸	活塞式气缸		压缩空气驱动活塞向一个方向运动，借助于外力复位，可以节约压缩空气，节省能源
			压缩空气作用在活塞上，使活塞杆向一个方向运动，靠弹簧复位，密封性能好，适用于小行程
	薄膜式气缸		压缩空气作用在膜片上，使活塞杆向一个方向运动，靠弹簧复位，密封性能好，适用于小行程
	柱塞式气缸		柱塞向一个方向运动，靠外力方向返回，稳定性能较好，用于小直径气缸
双作用气缸	普通式气缸		利用压缩空气使活塞向两个方向运动，两个方向输出的能力和速度不等
	双出杆气缸		活塞两个方向运动的速度和输出力均相等，适用于长行程
	不可调式缓冲气缸	单向缓冲 双向缓冲	活塞临近终点时，减速制动。减速值不可调整
	可调式缓冲气缸	单向缓冲 双向缓冲	活塞临近终点时，减速制动。可以根据需要调整减速值

六、气缸选用的基本原则

1）根据工作任务对机构运动的要求，选择气缸的结构类型。

2）根据工作机构所需力的大小来确定活塞直径和活塞杆的推力或拉力。

3）根据工作机构任务的要求，确定行程。一般不使用满行程。

4）推荐气缸工作速度在0.5~1m/s，并按此原则选择管路及控制元件。

七、气缸的图形符号

气缸的图形符号见表10-3。

表10-3　气缸的图形符号

单作用气缸	双作用气缸		
	普通气缸	缓冲气缸	
 弹簧压出	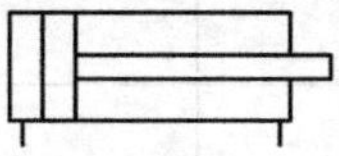 单活塞杆	 不可调单向	 可调单向
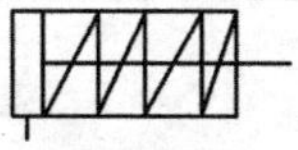 弹簧压入	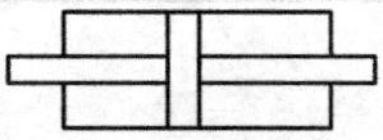 双活塞杆	 不可调双向	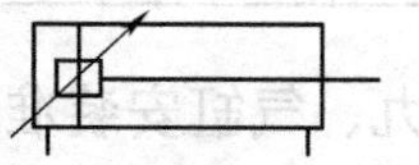 可调双向

八、气缸的安装形式

气缸的安装形式见表10-4。

表10-4　气缸的安装形式

分类		简图	说明
固定式气缸	耳座式 轴向耳座	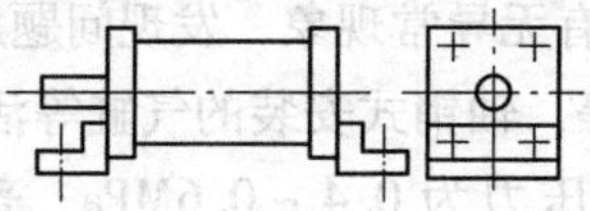	轴向耳座,耳座承受力矩,气缸直径越大,力矩越大
	耳座式 径向耳座	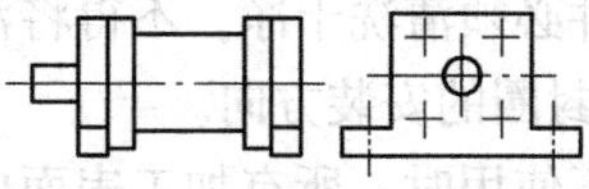	同上
	法兰式 前法兰	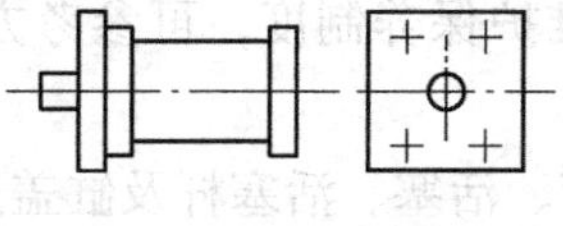	前法兰紧固,安装螺钉受拉力越大
	法兰式 后法兰	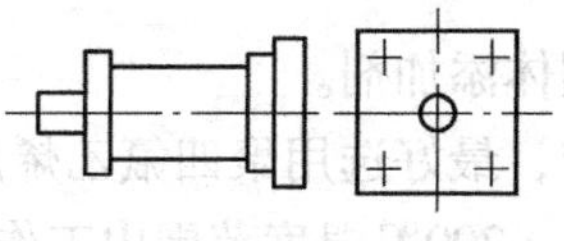	后法兰紧固,安装螺钉受拉力越小
	法兰式 自配法兰	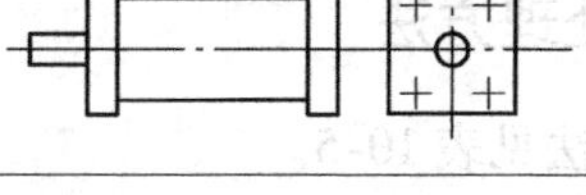	法兰由使用时,随安装条件现场配

（续）

分类		简图	说明
轴销式气缸	尾部轴销		气缸可绕尾部摆动
	头部轴销		气缸可绕尾部摆动
	中间轴销		气缸可绕中间摆动

九、气缸安装准备

（1）工作环境的准备　根据气缸的尺寸选择安装场地。

（2）工具的准备　根据气缸的结构特征和技术要求选取拆装工具。

（3）技术资料的准备　准备好教科书、说明书和气动技术手册等技术资料。

（4）相关材料的准备　准备好密封件、结构件和支撑件等相关材料。

（5）检测仪器的准备　本机试验或在试验台上进行试验。

十、气缸的日常检查维护

使用中应定期检查气缸各部位有无异常现象，发现问题后要及时进行处理。

1）检查各连接部位有无松动等，轴销式安装的气缸等活动部位应定期加注润滑油。

2）气缸正常工作条件：工作压力为 0.4 ~ 0.6MPa，普通气缸运动速度范围为 50 ~ 1000mm/s，环境温度为 5 ~ 60℃。在低温下，需采取防冻措施，防止系统中的水分冻结。

3）气缸检修重新装配时，零件必须清洗干净，不得将污物带入气缸内。特别需要防止密封圈被剪切、损坏，还要注意密封圈的安装方向。

4）气缸拆下的零部件长时间不使用时，所有加工表面应涂防锈油，进排气口应加防尘堵塞。

5）制订气缸的月、季、年的维护保养制度，可参考方向阀的维护管理制度中规定的内容。

6）气缸拆解后，首先应对缸筒、活塞、活塞杆及缸盖进行清洗，除去表面的锈迹、污物和灰尘颗粒。

7）选用润滑脂成分不能含有固体添加剂。

8）密封材料根据工作条件而定，最好选用聚四氟乙烯胶带，该材料摩擦系数小（约为0.04），耐腐蚀、耐磨，能在 -80 ~ +200℃ 温度范围内工作。

十一、气缸的故障原因与处理方法

气缸的常见故障原因及处理方法见表10-5。

表 10-5　气缸的常见故障原因及处理方法

故障	原因	处理方法
输出力不足	1. 压力不足 2. 活塞密封件磨损	1. 检查压力是否正常 2. 更换密封件
缓冲不良	1. 缓冲密封件破损 2. 缓冲调节阀松动 3. 缓冲通路堵塞 4. 负载过大 5. 速度过快	1. 更换缓冲密封件 2. 再调节后锁定缓冲调节阀 3. 除掉缓冲通路内部的异物（固化油、密封带等） 4. 外部加设缓冲机构 5. 加设外部缓冲机构或减速回路
速度过慢	1. 排气通路受阻 2. 负载与气缸实际输出力相比过大 3. 活塞杆弯曲	1. 检查单向节流阀、换向阀、配管的尺寸 2. 提高使用压力，增大气缸内径 3. 更换活塞杆并消除弯曲
动作不稳定	1. 活塞杆被咬住 2. 缸筒生锈、划伤 3. 混入冷凝液、异物 4. 产生爬行现象	1. 检查安装情况，去掉横向载荷 2. 修理，伤痕过大则更换 3. 拆卸、清扫、加设过滤器 4. 速度低于 50mm/s 时，使用气－液缸或气－液转换器
活塞杆和衬套之间泄漏	1. 活塞杆密封件磨损 2. 活塞杆偏心 3. 活塞杆被划伤 4. 混入异物	1. 更换密封件 2. 调整气缸安装，去掉加入的横向载荷 3. 伤痕小可修补，伤痕大则应更换 4. 除去异物、安装防尘罩
活塞杆弯曲	与负载相连接的活塞杆不能伸出，行程终端有冲击，缓冲效果差	对安装进行再调整。在固定式安装活塞杆端部与负载应采用浮动式接头。耳环式和轴销式安装时，气缸的运动平面要和负载的运动平面一致缸的缓冲容量不够时在外部另装设缓冲装置，或在气动回路中设置缓冲机构
活塞两端窜气	1. 活塞密封圈损坏 2. 润滑不良 3. 活塞被卡住 4. 密封面混入杂质	1. 更换密封圈 2. 检查油雾器是否失灵 3. 重新安装调整使活塞杆不受偏心和横向载荷 4. 清洗除去杂质，加装过滤器
锁紧气缸停止时超越量大	1. 配管距离过长 2. 带动的负载过重 3. 运动速度过快	1. 为加快响应，缸与阀间距离应尽量短，制动排气孔可装设快排阀 2. 确认规格，减少负载至允许值 3. 确认规格，使速度低于允许速度，以提高定位精度

（续）

故障	原因	处理方法
活塞杆损坏	1. 有偏心横向负载 2. 活塞杆受冲击负载 3. 气缸的速度太快	1. 消除偏心横向负载 2. 冲击不能加在活塞杆上 3. 设置缓冲装置
缸盖损坏	缓冲机构不起作用	在外部或回路中设置缓冲机构

◆ **知识拓展**

一、G10 型气镐的概述

G10 型气镐是单柱塞双作用冲击式气缸，可实现振动和冲击的气动工具之一。G10/G10L 型气镐是以压缩空气为动力的工具，压缩空气由管状配气阀轮流分配到镐筒的两端，使锤体进行往复冲击运动，冲击镐钎尾部，使镐钎打入岩石中，使其开裂分离。气镐只能使锤体朝一个方向产生冲击，锤击镐钎传递能量。它在铸造行业造型、清砂、修炉等工序中是经常使用的工具。只要是气源能提供压力为 0.4 ~ 0.7MPa 的压缩空气就可使用。因此，它属于低压气动工具。

1. G10 型气镐

G10 型气镐的外观，如图 10-11 所示。

2. 气镐的组成

它由配气机构、冲击机构和镐钎等组成。因此气镐结构紧凑，携用轻便。其结构特征如图 10-12 所示。G10 型气镐的零件组成见表 10-6。

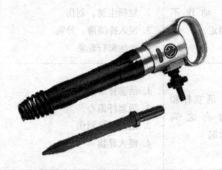

图 10-11　G10 型气镐的外观

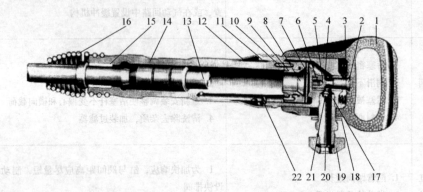

图 10-12　G10 型气镐的结构

表 10-6 G10 型气镐的零件组成

序号	代号	零件名称	数量	序号	代号	零件名称	数量
1	G10－1	镐柄	1	12	G10－12	导气罩	1
2	G10－2	垫圈	1	13	G10－13	锤体	1
3	G10－3	镐柄弹簧	2	14	G10－14a	缸体	1
4	G10－4	阻塞阀套	1	15	G10－15a	衬套	1
5	G10－5	阻塞阀	1	16	G10－16	头部弹簧	1
6	G10－6	阻塞阀弹簧	1	17	G10－17	连接管	1
7	G10－7	阀柜垫板	1	18	G10－18	连接管垫圈	1
8	G10－8	阀	1	19	G10－19	蝶形螺母	1
9	G10－9	阀柜	1	20	G10－20	滤网	1
10	G10－10	定位销	2	21	G10－21	锥形胶管接头	1
11	G10－11	连接套	1	22	G10－22	滤网	1

二、气镐型号的含义和主要技术参数

1. G10 型气镐型号的含义

G 是镐字的汉语拼音第一个字母。

10 是气镐型号规格。

2. 主要技术参数

G10 型气镐的主要技术参数见表 10-7。

表 10-7 G10 型气镐的主要技术参数

名称	规格/型号	名称	规格/型号
工作压力	$p \geqslant 0.49\text{MPa}$	耗气量	$Q \leqslant 20\text{L/s}$
外形尺寸	$L = 570\text{mm}$	机重	$G = 10.6\text{kg}$
行程	$s = 155\text{mm}$	冲击能量	$WQ \geqslant 39.3\text{j}$
气管内径	$\phi = 16\text{mm}$	每分钟冲击次数	$f = 18$ 次
气缸直径	$\phi = 38\text{mm}$	锤体重量	$W = 0.9\text{kg}$

三、气镐的工作原理与工作特点

1. 冲击气缸的原理

气镐的气缸属于柱塞式冲击气缸，如图 10-13 所示。

1）图 10-13a 所示是储能阶段活塞杆腔进气活塞上移。

2）图 10-13b 是压缩阶段活塞腔进气活塞准备下移。

3）图 10-13c 是工作阶段活塞快速下移实现冲击。

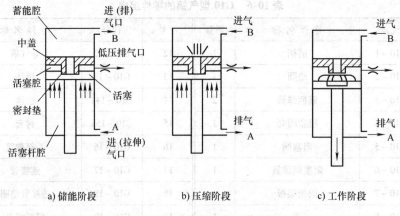

a) 储能阶段　　　　　b) 压缩阶段　　　　　c) 工作阶段

图 10-13　冲击气缸的工作原理

它的工作过程可简单地分为三个阶段：第一段，气源由孔 A 供气，孔 B 排气，活塞上升并用密封垫封住喷嘴，气缸上腔成为密封的储气腔。第二段，气源改由孔 A 排气，孔 B 进气。由于上腔气压作用在喷嘴上面积较小，而下腔作用面积较大，可使上腔储存很高的能量。第三段，上腔压力增大，下腔压力继续降低，上下腔压力比大于活塞与喷嘴面积比时，活塞离开喷嘴，上腔的气体迅速充入到活塞与中盖间的空间。活塞将以极大的加速度向下运动，气体的压力能转换为活塞的动能，利用这个能量对工件冲击做功，产生很大的冲击力。

2. 气镐的工作特点

气镐的优点是与普通气缸比较能适应频繁震动的工况要求，与液压振荡器比较重量轻满足便携的要求，产品灵活性好、经济性好。缺点冲击力小、只适合于小范围施工。

四、气镐的结构特征

G10 型气镐的组成如图 10-14 所示。

1. 密封形式

它属于间隙密封的结构形式，整个动力部分和配气部分没有使用填料密封件，而是靠缸体和锤体之间的配合间隙实现密封的。

图 10-14　G10 型气镐的组成

2. 锤体的结构

为了达到冲击的效果使用了柱塞结构，虽然气镐是便携式工具，但是它却能产生较大的冲击力，来满足工作要求。

3. 气镐的工作过程

气镐的冲击机构是一个厚壁气缸，内部有一冲击锤可沿气缸内壁作往复运动。镐钎的尾部插入缸体的前端用塔形弹簧弹性连接，缸体后端装有配气阀柜。在气缸壁的圆周有 8 个纵向气孔，压下阻塞阀的弹簧而接通气路，这些气孔一端通配气阀，推压手柄套筒，另一端通入气缸不同的位置，各气孔的长度根据冲击锤的运动要求配置，以便轮流进气或排气，阻塞阀在螺旋弹簧作用下处于切断气路的常闭状态，使冲击锤在气缸内有规律地往复运动。冲击锤向前运动时，锤头打击钎尾。冲击锤向后运动时，气缸内的气体封闭在配气阀柜内，形成柔性缓冲垫层，气缸内的气体封闭在配气阀柜内，待重新配气后再向前冲击用锤头打击钎尾。冲击锤向后运动时，气镐的起动装置位于手柄套筒内。在进风管和配气阀之间有一阻塞阀控制气路，阻塞阀在螺旋弹簧作用下处于切断气路的常闭状态。气镐作业时，使镐钎抵住施工面，另一端通入气缸，推压手柄套筒，压下阻塞阀的弹簧而接通气路，在气缸壁的四周有许多纵向气孔，配气阀随即自动配气，气缸后端装有配气阀柜，使冲击锤不断往复运动，打击钎尾，破碎施工砼体。

4. 气镐的应用

气镐适用于松软的土质、硅砂、河砂等材料的夯实和冻土、冻冰、软岩石的开裂等开挖工程。例如机械铸造业用砂造型时用小型气镐（气锤）把砂型夯实，电炉修炉和套炉时耐火层的夯实也需要使用气镐。砂型浇注完进行水爆落砂后工件表面仍有残留型砂需要进一步清砂或铸件应力消除等工作都可以使用气镐。气镐还可以应用到以下场合：

1）开采矿山凿岩、煤矿中采煤刨柱脚坑开水沟等。

2）采石业剥离土茅、清理炮眼等。

3）建筑安装维修工程中拆除砼体、开挖冻土、破冰等。

4）机械制造中需要产生冲击运动的场合，如履带销钉的装拆等。

5）汽车维修中车轮的拆卸等。

五、气镐的使用方法

1. 气镐的检验

气镐安装完成后首先要进行性能检验，即要求能正常工作，冲击力达到技术要求；其次要进行密封试验，密封的部位不得泄漏，做耐压试验压力值是额定值的1.5倍；最后，做空负荷试验2min，以及进行实际工况实验，再做破坏性试验完好视为合格。

2. 气镐的使用

如图10-15所示操作者将气镐的镐钎抵在要工作的位置压下镐柄接通气源，镐钎即可产生振动冲击。提起稿柄，镐钎立刻停止冲击。只要控制镐柄的压下和提起就可以控制工作的连续性。

六、气镐的常见故障现象

1）G10型气镐组装完成后通气试验时无动作。

2）G10型气镐组装完成后通气试验时其冲击无力。

3）G10型气镐组装完成后通气试验时其动作不连续。

七、气路连接练习

按照图10-2所示，XP-02型气动冲床气动系统的工作原理连接气路。

1）按图找出所需气动元件。

2）连接气路并分析其工作原理。

图 10-15　气镐施工现场

学习活动 3　制订工作计划

1）根据任务要求，制订小组工作计划，并对小组成员进行分工。

2）准备相关资料。

3）准备工作环境。

4）画出该任务的工具准备计划表，可参考表 9-6 的相关内容。

5）画出该机所有的气动元件计划表，可参考表 9-7 的相关内容。

学习活动 4　任 务 实 施

一、工艺要求

1. 按照气动设备技术要求执行检查步骤

1）外观的整体检查：整机或部件壳体无变形和裂纹等明显的缺陷。

2）结构件的磨损状态检查：运动副的磨损应在技术要求的范围内。

3）性能的检查：先静态后动态性能检查。

4）执行元件运转的检查：动作的灵活性、精确度应满足要求。

5）所需材料的检查：所需材料都要符合技术要求。

6）密封件的检查：密封件的质量标准要严格按照 GB 15560—2008 标准执行。

2. 检验过程中使用的仪表

1）压力表：检测气体压力。

2）湿度表：检测气体湿度。

3）风速表：检测气体流量。

4）温度表：检测气体出口温度。

二、技术规范

1）保养停用的冲床、气镐应涂抹防锈油，并堵塞进气孔和其他外露孔，防止污物进入管路内部。

2）定期对气动冲床、气镐进行安全检查，检查的具体项目主要有：

① 气源软管与接头连接可靠，不得松动漏气：控制阀的密封良好，开关灵活，整个气路无漏气。

② 供气管路完好，如有磨损老化、腐蚀等缺陷及局部漏气、鼓包现象应及时更换。

③ 检查安全防护装置，如有磨损、裂纹、弯曲等现象及时修复或更换。

④ 检查工作部件是否完好，如有裂纹、缺损及时更换。

⑤ 检查气动冲床、气镐的运转状态是否良好。冲击式气缸保证工作时处于良好的状态，保证其防松脱紧固装置始终完好。

3）修理后的气镐或冲床必须进行试运行，试运行应在有防护的封闭区域内，以最高允许运行速度运行1min以上，合格后方可使用。试验气压应符合GB/T 4974的规定。

4）气管、管接件的连接尺寸、技术要求、使用和试验应按照执行GB/T 22076—2008/ISO 6150：1988，IDT的规定。

5）气动压缩空气过滤器的使用和试验主要特性要求按照GB/T 22108.2—2008/ISO 5782—2：1997，IDT执行。

三、气路安装步骤

1）先安装有基础要求的大件。

2）由里向外顺序安装。

3）各元件的安装顺序是动力元件、执行元件、控制元件和辅助元件。

4）连接管路，先接主管路，再接支管路，最后接控制管路。

5）连接控制信号气路和信号采集点显示元件。

6）最后连接监控系统。

四、安全要求

1）检查气管连接是否符合要求，插管是否牢固。同时，注意气管接触应良好，严禁通气运转时气管挣脱造成伤人的事故。

2）对控制元件的检查，连接要牢靠，气管与阀的连接要牢固不得有松脱，用手拉扯试验没问题后再送气。

3）对执行元件的检查，气缸是受力件连接要牢固可靠，行程范围内不得有障碍物。

4）系统运转试验前，清除所有的障碍物，检查气缸与气缸之间是否有运动干涉现象。

五、冲床故障分析步骤

冲床常见的故障现象是：气动冲床冲力不稳定。

1）判定冲床出现冲剪无力的原因。

2）对冲床出现冲剪无力的因果关系进行深入的分析与探讨，弄清问题产生的根源。

3）查找系统失效元件及失效位置。

4）冲床出现冲剪无力相关因素（外在、内在）对设备工艺性能的影响。

5）故障原因和处理方法，见表10-8。

表10-8　冲床故障原因和处理方法

故障现象	可能原因	排除故障方法
冲床出现冲剪无力	系统气压低	用新压力表测量系统压力，可以找出压力低的原因，或者是气源装置的问题或者是减压阀的问题或者是管路漏气，都会导致系统压力低。观测压力表指示进行调整压力，用气泡法检查整个气路漏气点
	1. 气密性不好 2. 气缸活塞密封件磨损，活塞与缸体间隙过大 3. 气管与管接件漏气，气管有破损，机械运动件有卡阻现象	1. 气泡法检查管路的气密性，整个系统全检 2. 气缸、各类阀件拆下接通气源侵入水中检查密封性 3. 将机械构件与其他装置脱开，单独手动感知其灵活性检查卡阻现象，实在无法处理再考虑更换新的气动元件

学习活动5　总结与评价

参照表1-4进行综合评价。

 课后思考

（一）填空题

1. 气缸是气动_____元件的代表性元件，在气动系统里动作的主要形式是_____动、_____动、_____动就可以选用气缸，应用广泛。

2. 气动冲床完成冲裁动作时是利用_____推动冲头做上下往复运动的，像气缸这样能够利用压缩空气实现不同的动作，从而驱动不同的_____装置的元器件，在气动系统中被称为执行元件。

3. 气缸的种类很多，分类的方法也各不相同，一般按压缩空气作用在活塞端面上的_____、结构、_____和_____形式来进行分类。

4. 气缸的种类按压缩空气在活塞端面作用力的方向可分为_____作用气缸与_____作用气缸。_____作用气缸只有一个方向靠压缩空气推动，复位靠弹簧力、自重和其他外力。_____作用气缸的往返运动全靠压缩空气推动。

5. 气缸的种类按气缸的结构特点有_____式、_____式、_____式、_____式气缸等。

6. 气缸的种类按气缸的功能可分为_____气缸与_____气缸。

7. 普通气缸包括_____作用式和_____作用式气缸。

8. 特殊气缸包括_____气缸、缓冲气缸、_____气缸、步进气缸、_____气缸、回转气缸和伸缩气缸等。

9. 按气缸的安装方式可分为_____式、_____式、_____式和凸缘式。

10. 气缸检修重新装配时，_____必须清洗干净，不得将脏物带入气缸内。特别防止密封圈被剪切、损坏，并注意密封圈的安装_____。

（二）判断题

（　　）1. 单活塞杆双作用是指活塞的往复运动均不是由压缩空气来推动。

（　　）2. 气动系统连接管路，先接主管路、再接支管路、最后接控制管路。

（　　）3. 气液阻尼气缸运动平稳，停位比气缸精确，噪声小。与液压缸相比，它也需要液压源，经济性能好，同时具有气缸和液压缸的优点。

（　　）4. G10 型气镐能使锤体朝两个方向产生冲击，锤击镐钎传递能量。

（三）选择题

1. 弹簧复位式单作用气缸，这种气缸在夹紧装置中应用较多。这种气缸在（　　）个方向的运动由气压驱动，在另一个方向的运动由其他机械力驱动。

A. 多　　　　　B. 两　　　　　C. 一

2. 气缸安装准备工作的内容有：（　　）环境的准备；工具的准备；技术资料的准备；相关的材料的准备，检测仪器的准备。

A. 工装　　　　B. 工艺　　　　C. 工作

3. 气镐的工作特点是与普通气缸比较能适应频繁（　　）动的工况要求，与液压振荡器比较，其重量轻满足便携的要求，产品灵活性好、经济性好。

A. 冲　　　　　B. 蠕　　　　　C. 振

学习任务十一

气动磨机的检修

学习目标：

1. 能掌握气动磨机的组成及工作原理。
2. 能掌握气动马达的结构及工作原理。
3. 能正确选用工量具拆卸及安装气动马达。
4. 能根据气动马达的故障现象，分析故障原因，确定故障位置，并实施修复。

 工作情景描述：

气动磨机是气动马达在工具行业的应用之一。气动马达体积小，输出扭矩大是同等功率电动机输出的几倍甚至十几倍，可实现瞬间正反向旋转，适合频繁起动、停止、无级调速等使用的工作场所，适用于易燃、易爆、振动、高粉尘、水下等苛刻的工作环境。

某装修公司有10台气动单向磨机，在长期使用中出现打磨无力，噪声增大现象。现在请求帮助检修，恢复其使用性能。要求恢复原功率的85%~95%为合格。请通过故障现象确定该气动部分故障产生的原因，查找故障点并进行故障处理。其外观及原理如图11-1所示。

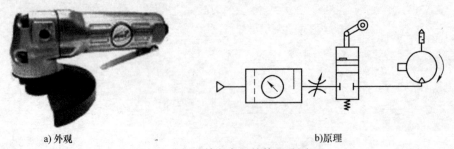

a) 外观　　　　　　　　　　　　　b) 原理

图11-1　气动单向磨机的外观及原理

学习活动1　明确工作任务

检修单向磨机，做哪些准备工作，具体的工作内容有哪些。

参考表9-1设备维修联络单，填写表格上具体内容，上交批阅。

学习活动 2 学习相关知识

◆ **引导问题**

1. 气动单向磨机的用途是什么？
2. 气动马达是如何进行分类的？
3. 气动马达的图形符号是什么？
4. 叶片式气动马达的工作原理是什么？

◆ **咨询资料**

一、气动单向磨机

气动工具种类很多，其中气动磨机是旋转类工具之一。它用来完成切割、磨削、抛光等工作。气动磨机内置叶片式气马达利用压缩空气实现旋转动作，驱动一对伞齿轮输出轴带动磨轮、磨头，实现切削、磨削、抛光等工作，在工具行业中普遍应用。

1. 气动单向磨机的用途

气动单向磨机是进行切割材料或磨削工件或设备表面进行抛光等工作的气动工具之一。单向磨机的组成如图 11-2 所示。

2. 气动单向磨机的主要技术参数

其主要技术参数见表 11-1。

图 11-2 单向磨机的组成

表 11-1 主要技术参数

名称	规格/型号	名称	规格/型号
砂轮直径	100mm（4in）	管接螺纹	1/4in
供气管径	10mm	无负荷转数	11000r/min
全长	210mm	使用压力	0.6～0.7MPa

3. 气动单向磨机的组成与结构特征

（1）零件组成 如图 11-3 所示为气动单向磨机分解图，其零件明细见表 11-2。

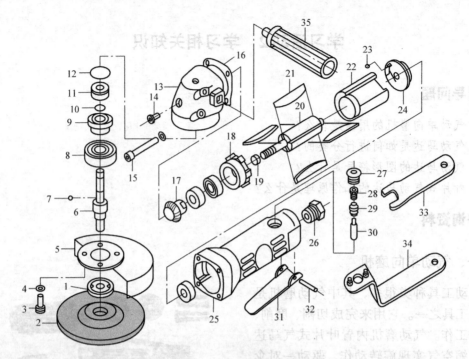

图 11-3　单向磨机分解图

表 11-2　气动单向磨机零件明细

序号	名称	数量	序号	名称	数量
1	压紧螺母	2	19	垫片	1
2	砂轮片	1	20	转子	1
3	螺钉	4	21	叶片	4
4	弹性垫片	8	22	气动马达缸体	1
5	砂轮罩	1	23	钢珠	1
6	主轴	1	24	后盖	1
7	钢珠	1	25	机体	1
8	轴承	1	26	接头	1
9	齿轮	1	27	螺钉	1
10	卡簧	1	28	弹簧	1
11	轴承	1	29	开关垫	1
12	垫片	1	30	开关销	1
13	机头	1	31	开关垫块	1
14	螺钉	1	32	弹性销	1
15	螺钉	1	33	卡匙（呆扳手）	1
16	纸垫	1	34	卡匙（端面扳手）	1
17	齿轮	1	35	手柄	1
18	前盖	1			

（2）结构特征 该磨机为便携式手持气动切割、抛光两用机。它可通过更换切割片达到连续完成工作的目的，还可以通过更换不同的磨轮来实现磨光和抛光等工作。其动力元件为叶片式气动马达，具有结构紧凑合理、重量轻、体积小、使用方便等特点。

机体和机头的壳体材质为碳素粉末冶金的，气动马达、齿轮轴、输出轴等零部件是碳钢材质，叶片的材质是玻璃纤维板的。

单向磨机的机头一端水平方向有一个手柄，即可把持稳定磨机还可切割时给磨机加力。

（3）适用范围 凡是切割和打磨金属类工件，均可使用，工厂加工车间，装修行业等应用广泛。

二、气动马达

1. 气动马达的分类

常用的气动马达有叶片式、活塞式、薄膜式和齿轮式等类型。

2. 气动马达特点

气动马达和电动机相比有如下特点：

（1）优点

1）工作安全。适用于恶劣苛刻的工作环境，如易燃、高温、振动、潮湿、高粉尘等苛刻条件下能正常工作。

2）有过载保护作用，不会因过载而发生烧毁。过载时气动马达只会降低速度或停转，当负载减小时即能重新正常运转。

3）能够顺利实现正反转，能快速起动和停止。

4）满载连续运转，其温升较小。

5）功率范围及调速范围较宽。气动马达功率小到几十瓦，大到几万瓦。转速可以从0到11000r/min或更高。

6）单位功率尺寸小，重量轻，且操纵方便，维修简单。

（2）缺点 气动马达目前还存在速度稳定性较差、耗气量大、效率低、噪声大和易产生振动等不足。

3. 气动马达的特点与应用

常用气动马达的特点及应用见表11-3。

表11-3 常用气动马达的特点及应用

类型	转矩	速度	功率/kW	每千瓦耗气量 /（m³/min）	特点及应用范围
叶片式	低转矩	高速度	1~13	小型：0.8~1.3 大型：1.4~2.5	制造简单，结构紧凑，低速起动转矩小，低速性能不好。适用于要求低或中功率的机械，如手提工具、复合工具传送带等
活塞式	中、高转矩	低速和中速	1~17	小型：0.9~1.3 大型：1.4~3.0	在低速时，有较大的功率输出和较好的转矩特性。起动准确，且起动和停止特性均较叶片式好。适用负载较大和要求低速转矩较高的机械，如手提工具、起重机、绞车、拉管机等

（续）

类型	转矩	速度	功率/kW	每千瓦耗气量/(m³/min)	特点及应用范围
薄膜式	中、高转矩	低速度	<1	1.9~2.0	能适应摆转动作要求
齿轮式	高转矩	低速度	<1	1.2~1.4	适用于控制要求很精确、起动转矩极高和速度低的机械

4. 气动马达的图形符号

气动马达的图形符号如图11-4所示。

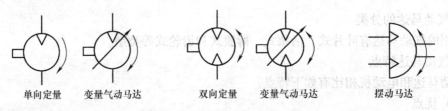

单向定量　变量气动马达　双向定量　变量气动马达　摆动马达

图11-4　气动马达的图形符号

5. 叶片式气动马达

（1）叶片式气动马达的主要组成　它主要由转子、定子、叶片及壳体组成，如图11-5所示。

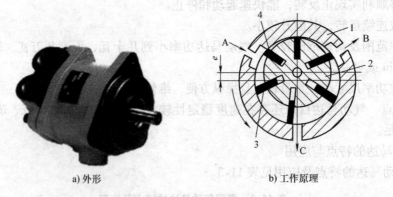

a) 外形　　b) 工作原理

图11-5　叶片式气动马达

1—定子　2—转子　3、4—叶片　e—偏心距

（2）叶片式气动马达的结构原理　叶片式气动马达有6个叶片安装在一个偏心转子的径向沟槽中。其结构原理为：在定子上有进、排气用的配气槽孔，转子上有长槽，槽内装有叶片。定子两端有密封盖。转子与定子偏心安装。这样，沿径向滑动的叶片与壳体内腔构成气动马达的工作腔。

（3）叶片式气动马达的工作原理　压缩空气从A口进入，作用在工作腔两侧的叶片上。由于转子偏心安装，气压作用在两侧叶片上产生转矩，使转子按逆时针方向旋转。当偏心转子转动时，工作腔容积发生变化，在相邻工作腔间产生压力差，利用该压力差推动转子转动。做功后的气体从C、B口排出，若改变压缩空气输入方向，即可改变转子的转向。

学习活动3　制订工作计划

1）根据任务要求，制订小组工作计划，并对小组成员进行分工。

2）准备相关资料。

3）准备工作环境。

4）参考表9-6画出该任务的工具准备计划表并上交批阅。

5）参考表9-7画出该机所有的气动元件计划表并上交批阅。

学习活动4　任 务 实 施

一、工艺要求

1. 气动马达的日常维护

1）压缩空气的质量、最高操作压力、温度范围、润滑油等均应符合规定。

2）气动马达输出传动轴连接不当时，会形成不良动作从而导致故障发生。

3）发现马达故障时，立即停止使用，并进行检查、调整与维修。

4）空气供应来源要充足，以免造成转速忽快忽慢。

5）在使用气动马达时，必须在马达进气口前安装三联件或二联件，以确保气源的干净和对马达的润滑（无油自润滑型马达除外）。

2. 运转检查与调整

1）检查旋转方向是否正确，检查被驱动体与轴心之间安装是否正确。

2）气动马达的速度控制是通过调速阀旋钮来实现的。有的磨机不带此件。

3）气马达严禁长期空转，否则会加快损耗从而降低使用寿命或超速损坏。

4）空气质量的检验方法是：在将气管连接到气动马达之前先接通气源，然后将气管出气的一端对着一张白纸，如果白纸上只有少量油，没有灰尘和杂质、水分等则为合格气源。

3. 安装与试验的注意事项

1）使用时应以气动马达气源接口尺寸为配管依据。

2）气动马达的主要故障原因是由于灰尘、杂质等异物进入气室造成的，所以配管前必须先用压缩空气或其他方式将管内残留异物清除。

3）工作时，缓慢旋转调压阀或针阀式调速阀以提高空气压力，到达需要的转速，若长期强制使用超过最大压力时气动马达会损坏，故勿超压使用。

二、技术规范

1）供气管路中应安装压力表、调压阀、油雾器等装置，要保证磨机的润滑和压力。

2）在使用前，应在空载时调整好气动磨头的转速，按规定转速使用。

3）使用的压缩空气必须经过过滤，保持干净、干燥。

4）砂轮安装必须牢固可靠并上好防护罩。

三、安全要求

1）使用磨机的人员，必须熟悉磨机的性能、结构、操作方法及安全事项。

2）使用的压缩空气压力不得超过规定值上限。

3）严禁空转，不用即停。

4）磨机机身的支撑安装必须牢靠。

5）使用的砂轮应是符合安全要求的。

6）在切割中，若发生突然卡夹砂轮片停机等现象，应立即减小施加的作用力，提起磨机，检查砂轮是否有崩片或缺口损坏等情况，以决定是否更换砂轮，若遇切割局部硬料时，减小操纵力缓慢切割即可。

7）在切割行程终了时应减轻施加力并提起磨机以免超过行程，损坏砂轮或材料等。

8）发生下列情况者禁止使用：机内声音异常，如有碰击声等，切割砂轮崩出缺口。

四、故障现象及排除方法

1. 叶片式气动马达的故障及排除方法

叶片式气动马达转速高，但工作比较稳定，维修要求比活塞式气动马达高。叶片式气动马达的常见故障及排除方法见表11-4。

表11-4　叶片式气动马达的常见故障及排除方法

故障		原因分析	排除方法
输出功率明显下降	叶片严重磨损	1. 断油或供油不足 2. 空气不净 3. 超期使用	1. 检查供油器，保证润滑 2. 净化空气 3. 更换叶片
	前后气盖磨损严重	1. 轴承磨损，转子轴向窜动 2. 衬套选择不当	1. 更换轴承 2. 调整衬套
	定子内孔纵向波浪槽	泥砂进入定子或长期使用	更换或修复定子
	叶片折断	转子叶片槽喇叭口太大	更换转子
	叶片卡死	叶片槽间隙不当或变形	更换叶片

2. 叶片式气动马达的维护保养

日常维护润滑是气动马达正常工作不可缺少的环节，具体内容如下：

1）润滑油必须随压缩空气进入气动马达，流量为 50～100 滴/min，润滑油牌号为 N32 或 N46。

2）气动马达长期存放后，不应带负载起动，应在有润滑条件下进行 0.5～1min 空转。

3）压缩空气必须经过过滤，保证干净、干燥。

4）气动马达正常使用 3～6 个月后，应拆开检查，并清洗一次。在清洗过程中，如发现有零件磨损需及时更换。

学习活动5 总结与评价

参照表1-4进行综合评价。

课后思考

（一）填空题

1. 气动磨机就是_____在工具行业的应用之一。

2. 气动马达适用于在_____、易爆、_____、高粉尘、_____下等恶劣的环境下工作优势明显。被用于矿山、船舶、冶金、化工、造纸等行业均广泛地采用。

3. 气动单向磨机是用来进行_____材料和对工件或设备表面进行_____等工作的气动工具之一。

4. 气动马达的结构特征：磨机为便携式是手持气动_____、_____两用机，可通过更换_____达到连续完成工作的目的，还可以通过更换不同的_____来实现磨光和抛光等工作。

5. 单向磨机只能使_____朝一个方向旋转，带动切割的运动部件朝一个方向运动。既可以_____，也可以用来_____、_____等工作。

6. 气马达的工作特点是：与_____机比较能适应频繁过载安全要求高的工况，与比较能适应特殊工况的要求产品环保性好，对高防爆、高辐射、高腐蚀等环境适应性_____。

（二）判断题

（　　）1. 磨机空气供应来源要充足，以免造成转速忽快忽慢。

（　　）2. 气动马达和电动机相比工作安全。适用于恶劣的工作环境，在易燃、高温、振动、潮湿、粉尘等不利条件下都能正常工作。

（　　）3. 使用时应以气动马达原始设计的气源接口大小为配管标准。

（　　）4. 气动马达正常使用3~6个月后，应拆开检查，并清洗一次。在清洗过程中，如发现有零件磨损需及时更换。

（　　）5. 叶片式气动马达的转速高，但工作比较稳定，维修要求比活塞式气动马达高。

（　　）6. 空气质量的检验方法是：在将气管连接到气动马达之前先接通气源，然后将气管出气的一端对着一张白纸，如果白纸上只有少量油，没有灰尘和杂质、水分等则为合格气源。

（三）选择题

1. 下图所示的图形符号是（　　）气动马达。

A. 转动　　　　　　B. 移动　　　　　　C. 摆动

2. 叶片式气动马达主要由转子、定子、叶片及壳体组成。叶片式气动马达有6个叶片安装在一个偏心（　　）的径向沟槽中。

　　A. 中子　　　　　　　　B. 定子　　　　　C. 转子

3. 气动马达与液压马达比较能适应特殊工况的要求产品（　　）性好。

　　A. 稳定　　　　　　　　B. 适应　　　　　C. 环保

4. 单向磨机为（　　）式是手持气动切割、抛光两用机。

　　A. 固定　　　　　　　　B. 移动　　　　　C. 便携

5. 气动马达目前还存在（　　）稳定性较差、耗气量大、效率低、噪声大和易产生振动等不足。

　　A. 温度　　　　　　　　B. 湿度　　　　　C. 速度

自动重量检测机气路的检修

学习目标：

1. 能分析自动重量检测机的气动系统组成及工作原理。
2. 掌握方向控制阀的结构、工作原理及其应用。
3. 能根据动作要求设计并能连接相应的气动回路。
4. 能对气动回路的故障进行分析并加以排除。

工作情景描述：

　　自动重量检测机又叫作自动检重秤。重量检测机是制药厂、食品添加剂厂、化工厂、保健品、粉剂等重量控制要求非常高的环境经常使用的包装生产线上配套的设备之一。本任务以 MXTH – XX –06 – X 型自动重量检测机为例进行讲解，重点学习方向控制阀在气动系统中的作用及应用。自动重量检测机的外观如图 12-1 所示。

图 12-1　自动重量检测机的外观

学习活动 1　明确工作任务

　　某 MXTH – XX –06 – X 型自动重量检测机出现了气动部分不能正常工作，有漏推和错推的现象。请通过故障现象确定该气动部分故障产生的原因，查找故障点并进行故障处理。

参考表 9-1 设备维修联络单，填写表格上具体内容，上交批阅。

学习活动 2　学习相关知识

◆ 引导问题

1. MXTH－XX－06－X 型自动重量检测机的气动系统由哪些元件组成？
2. 方向阀是如何进行分类的？
3. 单向阀是如何进行分类的？
4. 两位两通换向阀的换向机理是什么？
5. 常闭两位两通换向阀的作用是什么？
6. 单气控两位五通换向阀的工作原理是什么？
7. 两位两通电磁换向阀的作用是什么？
8. 单电磁二位五通换向阀的工作原理是什么？
9. 画出 3/2 、4/2、5/2 换向阀的图形符号，说明其工作原理。
10. 绘制 MXTH－XX－06－X 型自动重量检测机气路系统原理图并说明其工作原理。

◆ 咨询资料

一、MXTH－XX－06－X 型自动重量检测机气动系统的组成

1. 工作原理

如图 12-2 所示，气源 1 向 MXTH－XX－06－X 型自动重量检测机提供压缩空气。单电控两位两通换向阀 5（俗称气动开关），是用来接收 MXTH－XX－06－X 型自动重量检测机重量检测系统发来的信号，控制单作用气缸 8 活塞杆伸出的。单作用气缸 8 在换向阀 5 的控制下，将重量不符合要求的产品推下生产线。气管 6 用于连接换向阀 5 和单作用气缸 8。4 是消声器。该系统的核心元件是换向阀 5 和单作用气缸 8。

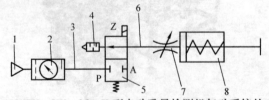

图 12-2　MXTH－XX－06－X 型自动重量检测机气动系统的工作原理

1—气源　2—三联件　3、6—气管　4—消声器　5—换向阀　7—节流阀　8—单作用气缸

2. 结构特点

其结构简单、模块化、称重准确、可靠，并可以适用苛刻的生产环境中，具有很强的耐用性。

该设备中应用了单电控二位二通换向阀，如图 12-3 所示。该阀结构合理、动作可靠、维修方便，适用于恶劣的工作环境。该阀只能用在控制单作用气缸方向，如果是双作用气缸要用二位三通换向阀。

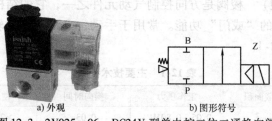

a) 外观　　　　　　　　b) 图形符号

图 12-3　2V025－06－DC24V 型单电控二位二通换向阀

3. 适用范围

该设备可以应用在瓶装产品、罐装产品、袋装产品或小型箱装产品的检重行业中，也是儿童食品厂生产线金属检测机常用的设备之一。食品包装生产线上的所有食品必须 100% 的进行金属检测，把不符合检测要求的袋装食品推下生产线，合格的袋装食品流转入下道工序。这样的检测设备在制药行业、儿童食品行业是必备的。

4. 基本功能

自动重量检测系统具有重量检测、分类统计、报警、分选和重量分组等功能。

5. 运行特点

当被检测物品通过检验区时，系统对其重量进行判定，检测其重量是否满足设定的重量要求，并做出合格、超重、欠重提示，将重量不符合包装要求的袋装、盒装产品在检测区内推下生产线，合格的产品继续沿着生产线流转入下道工序。

二、方向控制阀

1. 方向控制阀的分类

方向控制阀可分为单向型控制阀和换向型控制阀。另外，如果按照控制方式划分，方向阀又分为手动控制、气动控制、电磁控制和机动控制等。

2. 单向阀

（1）单向型方向控制阀的分类　单向型方向控制阀分为单向阀、或门型梭阀、与门型梭阀和快速排气阀等。

（2）单向阀的结构　单向阀是控制气体按照一个方向流动的控制元件，有时也叫逆止阀。单向阀的典型结构如图 12-4a 所示。

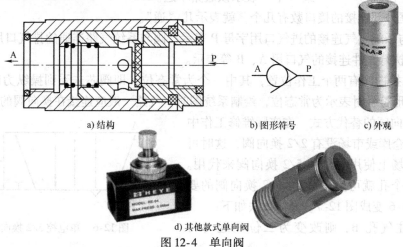

a) 结构　　　　　　　　b) 图形符号　　　　　　　c) 外观

d) 其他款式单向阀

图 12-4　单向阀

（3）梭阀（或门型）　梭阀是方向控制气动元件之一，它的结构相当于两个单向阀的组合，具有逻辑气路中的"或门"功能。常用于手动、自动气路的转换，如图 12-5 所示。其主要技术参数见表 12-1。

表 12-1　主要技术参数

公称通径	有效截面积	工作压力	换向时间	使用寿命	工作温度
8mm	20mm²	0.05~0.80MPa	0.03s	≥200 万次	5~50℃

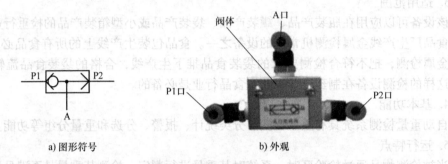

a) 图形符号　　　　　　b) 外观

图 12-5　或门型梭阀

3. 电控二位二通换向阀

（1）换向阀的换向机理　电控是指产生操纵力的电磁线圈控制换向阀。"通"和"位"是换向阀的重要概念。不同的"通"和"位"构成了不同类型的换向阀。通常所说的"二位阀"，是指换向阀的阀芯有两个不同的工作位置。所谓"二通阀"，是指换向阀的阀体上有两个各不相通且可与系统中不同气管相连的接口，不同气路之间只能通过阀芯移位时阀口的开关来沟通。几位几通用数字表示为通/位，例如 5/2 表示该阀是二位五通、4/3 表示该阀为三位四通。

（2）换向阀的图形符号

1）用方框表示阀的工作位数，有几个方框就表示"几位阀"。

2）方框内的箭头表示气路处于接通状态，但箭头方向不一定表示气流的实际方向。

3）方框内符号"⊥"或"⊤"表示该通路不通。

4）方框外部连接的接口数有几个，就表示几"通"。

5）阀与系统供气连接的进气口用字母 P 表示；阀与系统气路连通的排气口用 R 和 S 表示；而阀与执行元件连接的气口用 A、B 等表示。

6）2/2 换向阀有两个工作位置，其中一个为常态位，即阀芯未受到操纵力时所处的位置。绘制图形符号时表示为常态位，绘制系统图时，气路一般应连接在换向阀的常态位上。

（3）换向阀的替代方式　在实际维修工作中往往会出现仓库或市场没有 2/2 换向阀，这时可以考虑用市场上使用最多的 5/2 换向阀来代用。堵上其中几个孔就可实现 2/2、3/2 换向阀的要求，如图 12-6 变成图 12-7，具体做法如下：

1）堵住气孔 B，则改变为二位三通（常

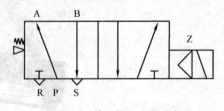

图 12-6　单电控 5/2 换向阀

断型）。

2）堵住气孔 A，则改变为二位三通（常通型）。

3）堵住气孔 B 和 R，则改变为二位二通（常通型）。

4）堵住气孔 A 和 S，则改变为二位二通（常断型）。

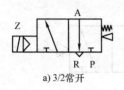 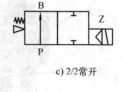
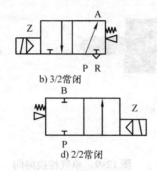

a) 3/2常开　　　b) 3/2常闭　　　c) 2/2常开

d) 2/2常闭

图 12-7　堵塞方式

4. 常闭式二位二通换向阀

（1）作用　常闭式二位二通换向阀的作用是在气路中作为开关使用，无论是电动、气动或其他控制方式，都是动作时接通气路开始工作，不动作时断开气路，停止工作状态。

（2）符号表示方法　常闭式二位二通单电控换向阀，在气路中用符号表示方法如图 12-8 所示。

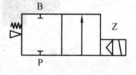

图 12-8　常闭式换向阀

5. 气控换向阀

气压控制是利用压缩空气的压力差或作用面积差使阀芯移动，达到控制换向的目的。按其作用原理，可分为加压控制、卸压控制和差压控制三种类型。一般采用滑柱式和截止式两种结构。阀位换向由气压信号控制阀芯的位移来实现。单气控阀无记忆功能，双气控阀有记忆功能，用来直接操纵气缸或气马达等执行元件，或在气动系统中做控制其他元件使用。

（1）单气控换向阀

1）单气控换向阀试验。二位五通单气控换向阀的工作状态为二态，其外观及图形符号如图 12-9 所示。

2）单气控换向阀的主要技术参数，见表 12-2。

表 12-2　单气控换向阀的主要技术参数

名称	参数	名称	参数
工作介质	洁净压缩空气	有效截面积	16mm²
最大耐压力	1.05MPa	换向频率	≥5Hz
换向时间	≤0.05s	最低控制压力	0.2MPa
介质及环境温度	5 ~ 60℃		

3）实验注意事项：

① 在使用时应注意各进出气口的作用，不要混淆接错。

② 所施加工作压力及控制信号值应在其参数范围内，否则不能正常工作。

③ 使用的单（双）气控阀均为 5/2 换向阀，若改成 3/2 、2/2 换向阀时，通过用气孔塞头塞住其中一个或几个气孔，则可以改变换向阀的通口数。

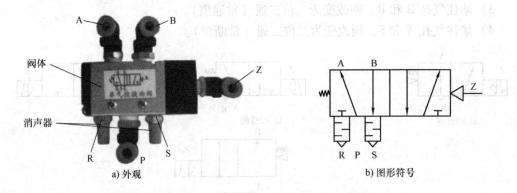

图 12-9　单气控换向阀

（2）双气控换向阀　5/2 双气控换向阀如图 12-10 所示。

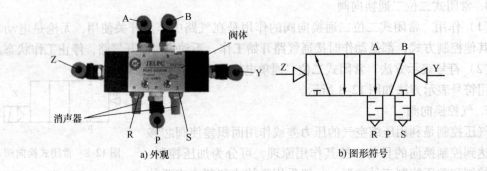

图 12-10　5/2 双气控换向阀

6. 手动换向阀

手动换向阀又称为人控换向阀，可用来直接控制执行元件，或作为其他气动元件的信号阀使用，5/2 手动换向阀如图 12-11 所示。几款常见的手动换向阀如图 12-12 所示。

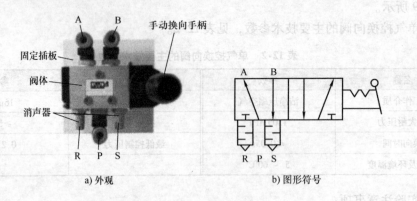

图 12-11　5/2 手动换向阀

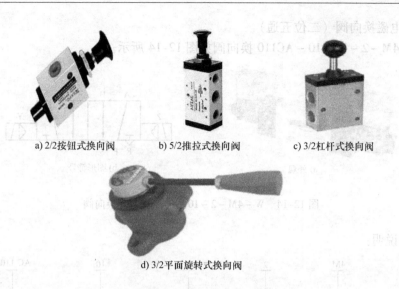

a) 2/2按钮式换向阀　　b) 5/2推拉式换向阀　　c) 3/2杠杆式换向阀

d) 3/2平面旋转式换向阀

图 12-12　几款常见的手动换向阀

7. 电磁换向阀

电磁换向阀是用电磁力来控制流体流动方向的自动化基础元件，用于机械控制和工业阀门，对工作介质流动方向进行控制，达到对阀开关的控制。在气压技术里属于自动控制元件之一。

（1）两位两通电磁换向阀的作用　两位两通电磁换向阀的作用是控制气压系统与执行元件通与断的控制元件。它有一个可以在电磁力驱动下滑动的阀芯。阀芯在不同的位置时，电磁阀的通断也就不同。阀芯的工作位置是通电时的位置。

（2）2V – 025 – 06 – AC220V 型号说明

2V　025　06　AC220V

2V：规格代码，即两位两通电磁阀；

025：流量孔径为 2.5mm；

06：接管孔径为 PT1/8in；08 则为 PT1/4in；

AC220V：标准电压，频率为 50/60Hz。

（3）单电磁换向阀（二位五通）　如图 12-13 所示为 5/2 单电磁换向阀，它是由电信号控制电磁先导阀，其工作状态为二态。其中先导阀起放大作用，由它来控制压缩空气去推动主阀阀芯移动，切换主气路换向。单电磁换向阀无记忆功能。

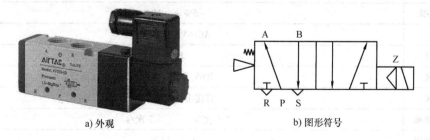

a) 外观　　　　　　　　　　　　b) 图形符号

图 12-13　5/2 单电磁换向阀

（4）双电磁换向阀（二位五通）

1）W－4M－2－10－10－AC110 换向阀如图 12-14 所示。

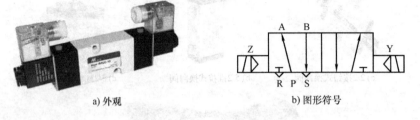

a) 外观　　　　　　　　b) 图形符号

图 12-14　W－4M－2－10－10－AC110 换向阀

2）型号说明：

W	4M	2	10	10	AC 110V
企业代号	规格代号	系列代号	线圈及位数	管口径	标准电压

4M：二位五通 5/2；2：200 系列；10：单向双位置；10：PT3/8in；AC110V：50/60Hz。

3）主要技术参数，见表 12-3。

表 12-3　主要技术参数

型号	W－4M－2－10－06	W－4M－2－20－06	W－4M－2－10－08	W－4M－3－10－08	W－4M－3－20－08	W－4M－3－10－10
工作介质	40μm 过滤的空气					
动作方式	内部先导式					
位置数	二位五通　5/2					
有效截面积/mm²	14（CV＝0.78）		16（CV＝0.89）		25（CV＝1.4）	
接管口径/in	进气＝排气＝1/8		进气＝PT1/4 排气＝PT1/4		进气＝排气＝3/8 进气＝PT1/2 排气＝PT3/4	
润滑油	不需要					
使用压力	0.15~0.8MPa（21~114psi）					
最大耐压力	12MPa（170psi）					
工作温度	－5~60℃（23~140℉）					
电压波范围	－5%~＋10%					
耗电量	AC:6VA DC:3W					
耐热等级	B 级					
保护等级	IP65（DIN40050）					
接电形式	直接出线或端子式					
最高动作频率	4 次/s　　　　　3 次/s					
最短励磁时间	0.05s 以下					

注：最高动作频率为空载状态；1psi＝6.895kPa。

8. 常见的几种二位换向阀的图形符号

常见的几种二位换向阀的图形符号，如图12-15所示。

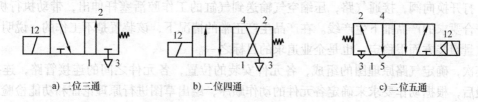

a) 二位三通　　　　　　　b) 二位四通　　　　　　　c) 二位五通

图12-15　3/2、4/2、5/2 图形符号

9. 方向控制阀接口的表示方法（见表12-4）

表12-4　方向控制阀接口的表示方法

名　称	字母表示方法	数字表示方法
压缩空气输入口	P	1
排气口	R、S	3、5
压缩空气输出口	A、B	2、4
使1→2 1→4 导通的控制接口	Z、Y	12、14
使阀门关闭的接口	Z、Y	10
辅助控制气路	PZ	81、91
2/2 单气控阀		
3/2 单电控阀		
5/2 双气控阀		
5/3 双电控阀		

三、绘制 MXTH－XX－06－X 型自动重量检测机气路工作原理图

1. 绘制气动原理图

首先要掌握产品生产对设备的工艺要求、工作原理、动作顺序等要素。产品在包装生产

线输送带上进行正常流转，检测系统对产品进行 100% 的检测，当检测系统检测到产品有不符合包装要求时，就向气动控制元件（气压开关）发出指令，电磁换向阀得到信号，得电动作，打开换向阀，接通气路，压缩空气输送到气缸的工作腔活塞杆伸出，带动执行机构，将不符合要求的产品推下生产线。在产品生产正常的情况下，该装置是不工作的，说明该产品在重量灌装方面很稳定，也是企业追求的目标之一。

其次，确定气路原理图的组成，各元件安装的位置，各元件之间的连接管路，连接方式。最后，根据动作要求来确定各元件的动作顺序，绘出草图进行原理论证和功能检验。

2. 论证和检验没问题后进一步分析各个关键环节的保障措施

这台设备在正常工作时，该气动装置是不动作的，但是作为监测设备的组成部分之一，其技术要求是气动装置在接到指令时，动作灵敏可靠、不能出现误动作或不动作等缺陷。要求动作快、轻载、安全、环保等环境内就要首选气动装置，设备在满足功能要求的情况下，还要考虑生产成本这一要素。所以我们选用单作用气缸来完成推料的动作。信号消失靠复位弹簧驱动活塞杆缩回，活塞杆带动推料装置复位。该推料装置只能在有电、有气压的条件下方可动作，在无电、无气压的情况下，推料装置是缩回准备工作状态。

◆ 知识拓展

气路连接与练习

1）假设要求：推出机构在任何位置都能实现停止状态（三态）。可在试验台上连接气源，进行试验并观看效果。可参考如图 12-16 所示换向气路。

2）如果该气路要求有记忆功能，可考虑改用双作用气缸的双气控换向气路。可按照图 12-17 分别进行连接练习。如果要求气缸可停留在任意位置时，可以连接成图 12-17b 所示气路。

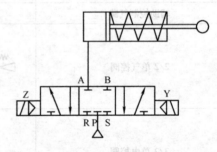

图 12-16　活塞杆三态单作用换向气路

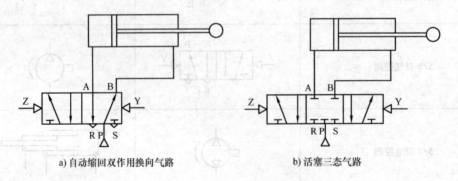

a) 自动缩回双作用换向气路　　　　b) 活塞三态气路

图 12-17　双作用气缸换向气路

3）如果设备要求运动机构起动一次，实现一个单缸单往复控制运动气路的连接，练习如图 12-18 所示气路。请思考一下：如果改用双作用气缸，气路如何连接？

该气路由双作用气缸、单向节流阀、二位五通单电磁阀换向阀、行程开关、φ6PU 气管组成。它的运动特点是起动一次，完成一个往复运动循环。它在锻压、冲剪、点焊、攻螺纹机等设备上使用的比较多，你认为还有哪些行业可以使用该气路？举例 1~2 个。

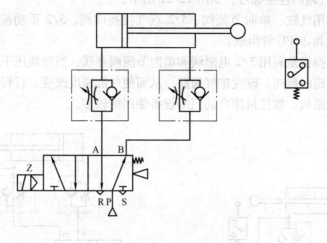

图 12-18　单缸单往复控制气路

4）单缸连续往复动作气路的连接练习（用行程开关控制的连续动作气路），如图 12-19 所示。

该气路由双作用气缸、单向节流阀、行程开关、二位五通单电磁阀、φ6PU 管组成。

它的运动的特点是起动一次可以连续运动不停地工作，直到得到停止的指令才能停机。其适用于灌装机、点胶机等连续工作的工况要求的设备可以选用。

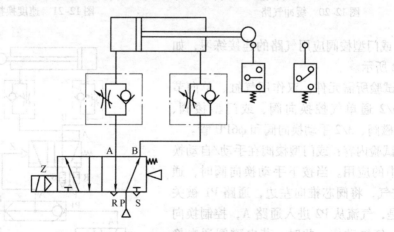

图 12-19　单缸连续往复动作气路

5）缓冲气路的连接练习，如图 12-20 所示。

该气路组成由双作用气缸、单向节流阀、二位三通单电磁换向阀、三位五通双电磁换向阀、行程开关和 φ6PU 管组成。

由于缓冲气路气动执行动作速度较快，当工作惯性力大时，可采用此气路进行缓冲。当活塞向右运动时，气缸右腔的气体经二位三通阀直接排气，活塞运行速度较快，直到活塞运动接近末端，压下行程开关时，气体经节流阀排气，活塞即以低速运动到终点，起到缓冲作用。有快、慢工况要求的玻璃磨边、石材抛光机等设备选用的较多。

6）速度换接气路的连接练习，如图 12-21 所示。

该气路由双作用气缸、单向节流阀、5/2 双气控换向阀、5/2 手动换向阀、3/2 单电磁换向阀、行程开关和φ6PU 管组成。

该气路的速度换接是利用 3/2 电磁阀和单向节流阀并联，当撞块压下行程开关时，发出电信号，使 3/2 电磁阀换向，改变排气通路，从而使气缸速度改变。行程开关的位置可根据需要设定。自动切割机、数控机床自动门等设备使用的较多。

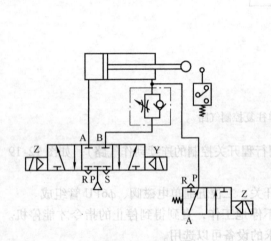

图 12-20 缓冲气路

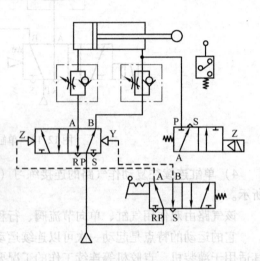

图 12-21 速度换接气路

7）或门型梭阀应用气路的连接练习，如图 12-22 所示。

① 试验所需元件：双作用气缸、单向节流阀、5/2 通单气控换向阀、或门型梭阀、3/2单电磁阀、3/2 手动换向阀和 φ6PU 管。

② 试验内容：或门型梭阀在手动/自动换向气路中的应用。当按下手动换向阀时，通路 P2 进气，将阀芯推向左边，通路 P1 被关闭。于是，气流从 P2 进入通路 A，控制换向阀换向，气缸动作。此时，若电磁阀通电换向，在其输出气压小于或等于手动阀输出气压压力的情况下，不会改变梭阀通路，梭阀状态保持。只有在手动阀断开，电磁阀输出气压压力的情况下，才能改变梭阀通路，切换控制方式。同样，在自动转为手动时，应先将电磁阀断开，或手动阀输出气压大于电磁阀输出气压压力。

③ 试验注意事项：

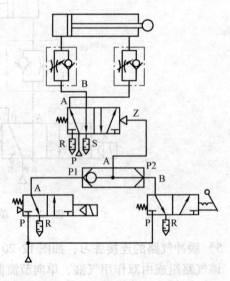

图 12-22 或门型梭阀的应用气路

a. 试验时，打开气源前一定要仔细检查气路，确保试验气路的连接正确无误，各气管推插是否到位用，手拉气管牢固，不得松脱。

b. 因所配置气缸的进、出气孔均已安装了单向节流阀。安装时，调整节流阀，可使气缸运行较为平缓，现象明显。同时，在没有用到节流阀调速的气路中，只需将节流阀旋钮完全打开，即可使节流阀不起作用。

c. 试验时，所加压力信号或气压源的压力不要过大，一般经 0.4～0.7MPa 压力为宜。

8）互锁气路的连接练习，如图 12-23 所示。

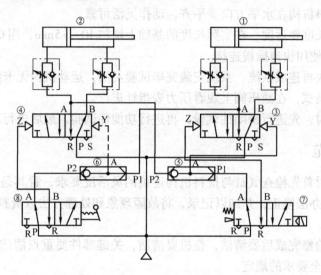

图 12-23　互锁动作回路

a. 试验所需元件：双作用气缸、单向节流阀、二位五通双气控换向阀、或门型梭阀、手动换向阀、二位五通单电磁阀和 φ6PU 管。

b. 试验内容：该气路可防止各缸的活塞同时动作，保证只有一个活塞动作。气路利用梭阀⑤、⑥和换向阀⑦、⑧实现互锁。当换向阀⑦换向时，控制换向阀③换向，气缸①活塞杆向处伸出。与此同时，气缸①的进气管路气体流经梭阀⑥使换向阀④锁住。此时即使换向阀⑧有信号，气缸②也不会动作。同样，气缸②若先伸出时，气缸①也被锁住不会动作。如果要改换气缸的动作，必须使前面动作的气缸复位后才可以动作。该气路在手动或半自动双头点胶机、双头灌装机等设备使用的较多。

c. 试验注意事项：因所配置气缸的进、出气孔均已安装了单向节流阀。试验时，调整节流阀，可使气缸运行较为平缓，效果明显。同时，在没有用到节流阀调速的气路中，只需将节流阀旋钮完全打开，即可消除节流作用。

试验时，所加气压信号或气压源的压力不要过大，一般以 0.4～0.7MPa 压力为宜。

学习活动 3　制订工作计划

1）根据任务要求，对小组成员进行分工。

2）列出材料、工具表。

3）制定施工工序。

学习活动 4　任 务 实 施

一、安装工艺要求

1）按照气动设备安装技术要求进行，模块与模块连接符合安装要求。

2）气缸与推料机构在水平方向要平齐，动作灵活可靠。

3）胶管连接长度要适度，在实际长度的基础上增加 10～15mm，用 0.2MPa 压缩空气清理干净管内杂质，使用快速插拔连接。

4）先安装模块再连成系统，系统安装完毕试验灵活，运动机构无卡阻现象。

5）进行压力调试，在减压阀上观看压力表指针进行。

6）功能试验时，先进行密闭性试验，再进行功能性试验，最后进行工作运行试验。

二、技术规范

1）安装维修时首先检查气缸与推料机构连接的灵活度要求，看其是否符合使用技术规定，将卡阻现象想办法修正，并加以记录，将故障现象和处理方法以资料的形式备案，供今后安装检修时参考。

2）设备安装检修完成后要清洁，整机要清洁，关键部件要重点清洁。尤其是食品生产设备要达到食品安全要求的规定。

3）气动装置所有的紧固零件要符合连接技术要求，不得有松动、松脱等现象。

4）气动装置要在末端控制元件排气口装上消声器，使工作环境噪声应在 65dB 以下，不得产生有害噪声。

三、安全要求

1）拆卸气动元件时，必须在切断电源和气源的情况下方可进行。

2）安装调试操作应按照气动设备装配技术要求进行。

3）试验时必须有安全措施，严禁造成人机事故。

4）先空载点检运转无异常后，再进行连续运转，最后进行正常工作试验。

5）注意机器运转过程应在无漏电、无漏气等安全情况下进行。

四、故障现象

推料机构有不合格产品漏推或合格产品错推的情况，比例在 5%～8%。

五、故障分析

检测机故障原因和处理对策，见表 12-5。

表 12-5 检测机故障原因和处理对策

故障现象	可能原因	排除故障方法
不合格产品漏推	气压不稳定，气缸的速度慢与检测、传递速度不同步，滞后推就会导致漏推和错推同时产生	查看压力表指示，脱开气缸与机构的连接，空载试验可辨，调试推料机构的速度与输送带速度的匹配
合格产品错推	气压不稳定、气缸的速度慢	同上
推料机构不动作	气缸无气压、机构卡死	脱开气缸与机构的连接，气缸单独试验
推料机构动作慢	系统气压小、机构动作阻力大、气缸内腔窜气、气管与气缸连接处密封不好	查看压力表指示，手动机构的灵活性，调试推料机构的速度与输送带速度的匹配，查找漏气点

学习活动 5 总结与评价

参照表 1-4 进行综合评价。

 课后思考

（一）填空题

1. 自动重量检测机又叫作自动检重秤。重量检测机是_____ 厂、_____添加剂厂、化工厂、保健品、粉剂等_____控制要求非常高的环境经常使用的包装生产线上配套的设备之一。

2. MXTH – XX – 06 – X 型自动重量检测机的运行特点是，当被测物品通过检验台时，系统对其_____ 进行判定，检测其_____ 是否满足规定的_____ 要求，并做出合格、超重、欠重提示，将_____ 不符合包装要求的袋装、盒装产品在检测区内推下生产线，合格的产品继续沿着生产线流转入下道工序。

3. 如图 10-2 所示，MXTH – XX – 06 – X 型自动重量检测机气动系统工作原理图中序号 2 是_____ 元件。

4. 电控二位二通换向阀：电控是指产生操纵力的_____ 控制元件。通" 和 "位" 是气动换向电磁阀的重要概念。

5. 电控二位二通换向阀不同的 "通" 和 "位" 构成了不同类型的气动_____ 阀。通常所说的 "二位阀"，是指换向阀的阀芯有_____ 不同的工作位置。所谓 "二通阀"，是指换向阀的阀体上有_____ 各不相通且可与系统中不同气管相连的接口，不同气路之间只能通过阀芯移位时阀口的开关来沟通。

6. 电控几位几通换向阀前面的 "几位"，这个阀有_____ 种工作状态，就可以说是几位。如有气动元件符号，就更好理解了，在图符上代表阀体的正方形（内有箭头或 T 线）有几个就是_____ 位。而后面的 "几通"，是代表在其中的_____ 个正方形上有_____ 个点（和箭头线还有 T 线相交的点），就是几通。

7. 2/2 换向阀有_____ 个工作位置，其中一个为_____ 态位，即阀芯未受到操纵力时所处的位置。绘制图形符号时多表示为_____ 态位。利用弹簧复位的二位阀则以靠近弹簧的方框内的通路状态为其_____态位。绘制系统图时，气路一般应连接在换向阀的_____态位上。气动换向电磁阀是一进一出一排气。

（二）判断题

（　　）1. 2V－025－06－AC220V 型号中 2V 是 2 位四通电磁阀。

（　　）2. 对于双电控，由于其不具有记忆功能，因而所谓常通还是常断，不是确定的，使用时应注意这一点。对于二位五通换向阀，在使用时用气孔塞塞住其中某一或几个气孔，可以改变换向阀的通口数。

（　　）3. 下面这个图形符号代表的是 3/3 换向阀。

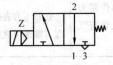

（　　）4. 下面这个图形符号代表的是 4/3 换向阀。

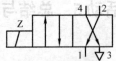

（　　）5. 下面这个图形符号代表的是 5/3 换向阀。

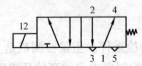

（　　）6. 下面这个图形符号代表的是 5/2 单电磁换向阀。

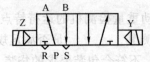

（三）选择题

1. 技术规范中安装维修时首先检查气缸与推料机构连接的灵活度要求，看其是否符合使用（　　）规定，将卡阻现象想办法修正，并加以记录，将故障现象和处理方法以资料的形式备案，供今后安装检修时参考。

A. 技术　　　　　　　　B. 操作　　　　　　　　C. 法律

2. 技术规范中设备安装检修完成后要清洁，整机要清洁，关键部件要重点清洁。尤其是食品生产设备要达到食品（　　）要求的规定。

A. 安全　　　　　　　　B. 运输　　　　　　　　C. 防水

3. 技术规范中气动装置所有的紧固零件要符合（　　）技术要求，不得有松动、松脱等现象。

A. 连接　　　　　　　　B. 焊接　　　　　　　　C. 粘接

4. 技术规范中气动装置要在末端控制元件排气口装上（　　），使工作环境噪声应在 65db 以下，不得产生有害噪声。

A. 消声器　　　　　　　B. 过滤器　　　　　　　C. 干燥器

学习任务十三

喷砂机气路的检修

学习目标:

1. 能分析喷砂机气动系统的组成及其工作原理。
2. 能掌握减压阀、安全阀、顺序阀工作原理及其结构组成和应用。
3. 能安装、调试喷砂机气动系统。
4. 能根据故障现象分析故障原因,确定故障位置,并实施修复。

工作情景描述:

手动喷砂机是用于对金属表面、非金属表面、超大型管道内壁焊口应力消除及外表面工艺处理等工作内容的设备之一。它适用于模具行业模具表面、铸造行业铸造件表面、玻璃再加工行业玻璃表面喷花工艺处理、超硬度工件表面工艺处理等行业均可使用。下面仅以手动喷砂机为例进行气路故障分析,例如,某干喷砂机出现产品喷砂处理效果不好的现象。LM - 920 型喷砂机的外观如图 13-1 所示。

图 13-1　LM - 920 型喷砂机的外观

学习活动1　明确工作任务

检修 LM - 920 型喷砂机气路,现在该压入式干喷砂机出现产品喷砂处理效果不好的现象。我们对其气路进行检修,要完成该任务需要学习哪些相关知识、做哪些准备工作、采取哪些技术手段、安全措施、操作规程、验收的依据。

学习活动 2　学习相关知识

◆ 引导问题一

1. 喷砂机气动系统由哪些气动元件组成？
2. 喷砂机的工作原理是什么？
3. 压力控制阀是如何进行分类的？
4. 减压阀按控制方式是如何进行分类的？
5. 减压阀的主要作用是什么？

◆ 咨询资料一

一、喷砂机的组成及工作原理

1. 组成

如图 13-2 所示的 LM-920 型干喷砂机气动系统由三个系统组成，即介质动力系统、控制系统和辅助系统。

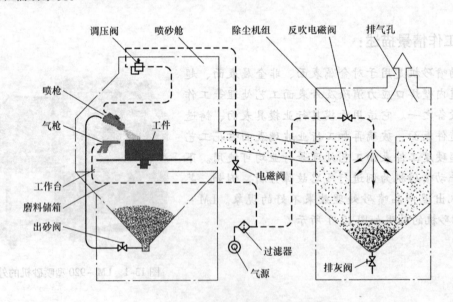

图 13-2　LM-920 型干喷砂机气动流程

2. 工作原理

1）以吸入式干喷砂机为例进行原理讲解，喷砂机以压缩空气为动力，通过气流的作用使介质高速运动在喷枪内形成负压，将磨料通过输砂管吸入喷枪并经喷嘴射出，射向加工件表面，达到预期加工目的。在吸入式干喷砂机中，压缩空气既是供料动力又是射流的加速动力。

2）工作过程中压缩空气经气源、过滤器分两路走：一路流向喷砂舱，另一路流向除尘机组。压缩空气进入喷砂舱又分两路：一路直接给气枪供气清理工件表面用；另一路经电磁阀、减压阀、进入喷枪内形成负压吸入喷砂射向工件表面实现工作。进入除尘机组的压缩空气经反吹电磁阀清理除尘滤芯。

3）工作效果的调整是通过调整气压阀来实现的。

3. 分类

1）从使用介质不同，分为湿喷和干喷两种。

2）从使用环境不同，分为开放式和封闭式两种。

3）从工作介质作用方式不同，分为真空吸入式和空气压入式两种。

4）从结构特征不同，分为单箱和双箱两种。

二、压入式干喷砂机概述

1. 主要技术参数

压入式干喷砂机的主要技术参数见表 13-1。

表 13-1　主要技术参数

主要技术参数	作　　用
使用砂粒度（玻璃珠直径）：180～250 号	传递能量撞击产品表面或处理金属表面
工作电源：220V 50Hz	为照明灯提供电源
工作气压：≥0.2～0.64MPa	满足并保证喷砂机有足够的压缩空气
箱内灯泡功率：8W	照明加工范围
操作环境的光色：自然光	为操作者提供工作照明条件
进气管直径：φ6mm	连接气路

2. 使用与保养

1）使用前先检查箱内砂的储量，加砂量不能高于容积的 2/3，砂的材质是玻璃珠，特征为白色，粒度为 180～250 号，而且要干燥，清洁，受潮后的砂流动性不好故不能使用，不然会影响喷砂效果。

2）将电源插头插入 220V 的插座中，接通气源（或空压机）。

3）使用时调整好压力，工作压力为 0.2～0.8MPa，打开电源开关。照明灯亮后，手戴橡胶手套，喷砂枪调好出砂量。两只手握需要喷砂的产品，然后脚踩气脚开关，就会进行喷砂工作。

4）工作期间严禁打开上盖（透明盖），防止砂向外飞溅谜眼睛。

三、压力控制阀的分类

1. 压力控制阀的分类

按照使用要求不同，压力控制阀分为减压阀、增压阀、顺序阀和安全阀等。

2. 减压阀

1）减压阀也称为调压阀，按控制方式可分为直动式调压阀、先导式调压阀两类，其中先导式调压阀又分为内控先导式调压阀和外控先导式调压阀两种。

2）减压阀的主要作用是将气源的压力减压并稳定到一个调定值，以能够获得稳定的气源压力用于调节控制系统压力的控制元件。通过调节，将进口压力减至某一需要的出口压力，并依靠介质本身的能量，使出口压力自动保持稳定的压力控制阀之一，其常作为气路中的一次减压元件该系统选用型号规格为 AR2000 的直动式减压阀，如图 13-3 所示。

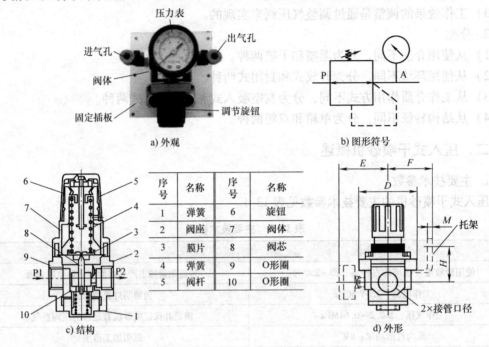

图 13-3   AR2000 型直动式减压阀

3）其主要技术参数，见表 13-2。

表 13-2   主要技术参数

名称	参数	名称	参数
型号	AR2000	压力调节范围	0.05 ~ 0.8MPa
接管螺纹	G1/4	保持耐压力	0.95MPa
过滤精度	40μm	介质及环境温度	5 ~ 60℃

4）直动式减压阀的工作原理如下：阀处于工作状态时，压缩空气从左端 P1 输入，经阀口节流减压后再从阀输出口流出。当旋转手柄压缩调压弹簧并推动膜片 3 下凹，再通过阀杆带动阀芯下移，打开进气阀口，压缩空气通过阀口 P1 的节流作用，使输出压力 P2 低于输入 P1 压力，以实现减压作用。与此同时，有一部分气流经阻尼孔进入膜片室，在膜片下部产生一个向上的推力。当推力与弹簧的作用相互平衡后，阀口开度稳定在某一值上，减压阀的出口压力 P2 便保持一定。阀口开度越小，节流作用越强，压力下降也越多。

5）使用时应注意不要将进气口 P1 与出气口 P2 接反。为了气路安全起见，调节减压阀使其输出气体压力控制在 0.4 ~ 0.7MPa 范围。通常情况下与油水分离器、油雾器串联使用构成三联件，对压缩机输出的压缩空气进行净化、调压和添加雾化润滑油提供气动装置以洁净、压力适宜、含有润滑功能的压缩空气，如图 13-4 所示。

6）AR2000 – 01 型减压阀型号含义见表 13-3。

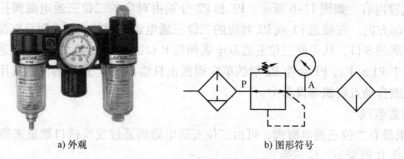

a) 外观　　　　　　　　　b) 图形符号

图 13-4　AR2000 型三联件

表 13-3　AR2000 −01 型减压阀型号含义

符号	名称	含义
AR	型号	减压阀
2000	额定流量/（L/min）	2000：550 2500：2000 3000：2500 4000：5000
01	接管口径 PT	01：PT 1/8in　02：PT 1/4in　03：PT 3/8in 04：PT　1/2in　06：PT 3/4in　10：PT 1in

3. 减压阀的应用

减压阀的应用如图 13-5 所示。图 13-5a 所示气路同时输出高低压力 P1、P2 供气动系统使用。图 13-5b 是利用减压阀的高低压转换气路。

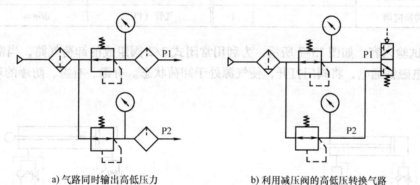

a) 气路同时输出高低压力　　　　　　　　b) 利用减压阀的高低压转换气路

图 13-5　减压阀的应用

4. 高低压切换控制气路的连接练习

（1）所需元件　所需元件明细见表 13-4、图 13-6。

表 13-4　所需元件明细

名称	规格/型号	数量	名称	规格/型号	数量
双作用气缸		1	单向节流阀		2
二位三通单电磁阀		2	三位五通双电磁阀		1
三联件		1	减压阀		2
气管（PU）	φ6mm	11	单向阀		2

（2）试验内容　如图 11-6 所示，P1 和 P2 分别由对应的二位三通电磁阀控制并由单向阀限制它们的方向。在接通 P1 或 P2 对应的二位三通电磁阀时单向阀会阻止气流向另一个二位三通电磁阀的 S 口，从而使三位五通双电磁阀的 P 口的气压改变。若同时接通二个二位三通电磁阀由于 P1 > P2，P1 会使 P2 端的单向阀截止只输出 P1。这样的气路常用在加工中心自动换刀机或自动点胶机等设备中。

（3）注意事项

1）如果没有二位三通电磁阀，可由二位五通电磁阀通过变换接口数量来得到（用气管塞头堵住气孔 B 即变为二位三通）。

2）因所配置气缸的进、出气孔均已安装了单向节流阀。试验时，调整节流阀，可使气缸运行较为平缓。同时，在没有用到节流阀调速的气路中，只需将节流阀旋钮完全打开，即可消除节流作用。

3）试验时，所加气压信号或气压源的压力不要过大，一般以 0.4 ~ 0.7MPa 压力为宜。

5. 不用减压阀的卸荷保护气路的连接练习

（1）所需元件　气路所需元件明细表，见表 13-5、图 13-7。

表 13-5　所需元件明细

名称	规格/型号	数量	名称	规格/型号	数量
双作用气缸		1	单向节流阀		2
二位三通单电磁阀		1	二位五通单气控阀		1
3/2 手动换向阀		1	气管（PU）	φ6mm	9

（2）试验内容　如图 13-7 所示，为利用常闭式 3/2 阀组成的卸荷气路，当需要气源排空时，使电磁铁通电，将阀门打开，使气源处于卸荷状态。有毒、有害、防爆的环境使用的比较多。

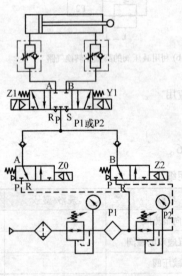

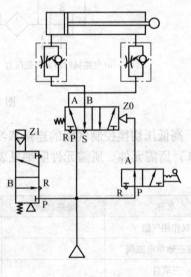

图 13-6　高低压切换控制气路　　　　　　图 13-7　卸荷保护气路

（3）注意事项

1）试验时，打开气源前一定要仔细检查气路，确保试验气路的连接正确无误。

2）常闭式电磁 3/2 阀是由相应的 5/2 阀通过变换得到（用气管塞头堵住气孔 A 即可）。

3）气缸选用进、出气孔均安装单向节流阀的气缸。试验连接练习时，应调整节流阀，可使气缸运行较为平缓，效果明显。

6. 过载保护气路连接练习

如图 13-8 所示，当活塞向右运行过程中遇到障碍或其他原因使气缸过载时，左腔内的压力将迅速升高；当其达到预定值时，打开顺序阀 3 使换向阀 4 换向，阀 1、2 同时复位，气缸返回，保护设备安全。其在多孔气动钻床、化工行业搅拌机等设备中使用的较多。

7. 压力控制往复动作气路连接练习

如图 13-9 所示，当按下手动按钮 3/2 换向阀 1 后，4/2 阀 3 右移，气缸无杆腔进气使活塞杆伸出，同时气压还作用在顺序阀 4 上。当活塞到达终点后，无杆腔压力升高并打开顺序阀，使阀 3 又切换至右位，活塞杆就缩回（延时作用）。该气路在小型手动灌装机、手动吹瓶机等设备上使用的较多。

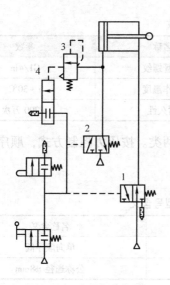

图 13-8　过载保护气路

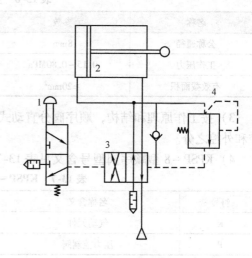

图 13-9　压力控制往复动作气路

◆ **引导问题二**

1. 顺序阀是如何进行分类的？
2. 单向顺序阀的工作原理是什么？
3. 直动式安全阀的结构原理是什么？

◆ **咨询资料二**

8. KPSP-8 型顺序阀概述

1）如图 13-10 所示，顺序阀是一种单向压力控制元件，当进气压力达到阀的开启压力时，阀即打开，接通气路；当进气压力低于阀的开启压力时，阀即关闭，气流打开单向阀逆向流动。顺序阀是气动压力控制气路中常用的元件之一。阀的开启压力可通过调整弹簧的压力来调定。

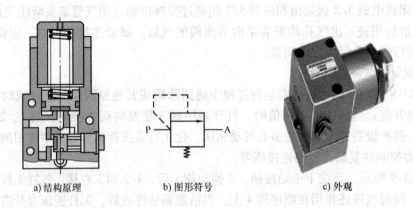

a) 结构原理　　　　　b) 图形符号　　　　　c) 外观

图 13-10　KPSA－8 型顺序阀

2）主要技术参数，见表 13-6。

表 13-6　主要技术参数

名称	参数	名称	参数
公称通径	8mm	接管螺纹	G1/4in
工作压力	0.15~0.80MPa	工作温度	5~30℃
有效截面积	≥20mm²	耐久性	≥200 万次

3）按工作原理和结构，顺序阀分直动式和先导式两类。按压力控制方式，顺序阀有内控和外控之分。

4）KPSP－8 型顺序阀型号含义见表 13-7。

表 13-7　KPSP－8 型顺序阀型号含义

符号	名称含义	符号	名称含义
K	气动元件	SP	单向顺序阀
P	压力控制阀	8	公称通径 φ8mm

5）单向顺序阀在顺序阀中装有单向阀，能通过反向气流的复合阀称为单向顺序阀。这种阀使用较多。图 13-11 所示为单向顺序阀的工作原理。当压缩空气由 P 口进入阀左腔 4 后，作用在活塞 3 上的力小于调压弹簧 2 上的力时，阀处于关闭状态。而当作用于活塞上的力大于弹簧力时，活塞被顶起，压缩空气经阀左腔 4 流入阀右腔 5 由 A 口流出（见图 13-11a），顺序阀开启，此时单向阀关闭。当切换气源时（见图 13-11b），阀左腔 4 压力迅速下降，顺序阀关闭，此时阀右腔 5 压力高于阀左腔 4 压力，在气体压力差作用下，打开单向阀 6，压缩空气由阀右腔 5 经单向阀 6 流入阀左腔 4 向外排出。图 13-11c 为图形符号。

6）顺序阀的应用：

① 顺序阀的基本功能是控制多个执行元件的顺序动作。

② 顺序阀控制两个气缸顺序动作的气路连接练习如图 13-12 所示。该气路在手动双头灌装机、贴标机等设备上使用的较多。

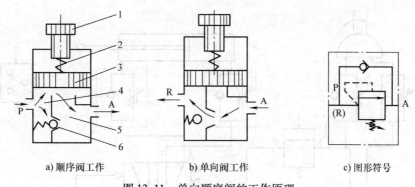

a) 顺序阀工作　　　　　b) 单向阀工作　　　　　c) 图形符号

图 13-11　单向顺序阀的工作原理

1、3—活塞　2—弹簧　4—阀左腔　5—阀右腔　6—单向阀

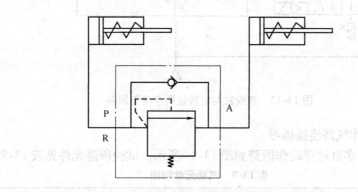

图 13-12　顺序阀的应用

9. 直线缸、摆动缸顺序动作气路连接练习

（1）所需元件　如图 13-13 所示，试验所需元件，见表 13-8。

表 13-8　气动元件明细

名称	规格/型号	数量	名称	规格/型号	数量
旋转气缸		1	单向节流阀		4
双作用气缸		1	顺序阀		1
二位五通单电磁阀		1	二位五通单气控阀		1
行程开关		1	气管（PU）	φ6mm	12

（2）试验内容　如图 11-13 所示，通气工作时，摆动气缸逆时针摆动，当气缸旋转到位以后，由电磁阀 B 孔输出的气压增大，当达到顺序阀动作值时，顺序阀导通，控制气控换向阀换向，使直线缸的活塞杆伸出，当活塞杆运行到挡块压下行程开关后，使电磁阀停止输出（换向至原位），则摆动气缸回转（顺时针），同时顺序阀关闭，气控换向阀复位（换向）使直线缸的活塞杆缩回。该气路在自动化机械臂、插件机等自动设备中使用的较多。

（3）注意事项

1）调节顺序阀的开启阀值，行程开关的连线要正确地插到电气控制面板上，使用 PLC 控制单元或继电器控制单元都可以。

2）试验时，应调好顺序阀的开启压力。若顺序阀灵敏度不高影响试验，可以用其他控制元件代替。

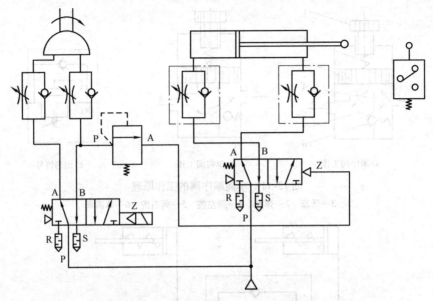

图 13-13　直线缸与旋转缸顺序动作回路

10. 多缸顺序动作气路连接练习

（1）所需元件　多缸顺序动作回路如图 13-14 所示，试验所需元件见表 13-9。

表 13-9　气动元件明细

名称	规格/型号	数量	名称	规格/型号	数量
双作用气缸		2	单向节流阀		4
二位五通单电磁阀		2	行程开关		4
气管（PU）	ϕ6mm	11			

（2）试验内容　用行程开关的双缸连续动作气路。工作时，接通气源、电源、气缸 A 活塞杆外伸，当活塞杆挡块压下行程开关 4 后，电磁阀 2 起动输出，气缸 B 活塞杆伸出。当活塞杆伸出到行程开关终点压下行程开关 6 时，电磁阀 1 起动换向，气缸 A 活塞杆缩回。当活塞杆缩回至挡块压下行程开关 3 时，又将电磁阀 2 关闭（换向），气缸 B 活塞杆缩回。当活塞杆缩回至挡块压下行程开关 5 时，又将电磁阀 Ⅰ 关闭（换向），气缸 A 活塞杆又伸出，如此循环，进行下一轮顺序动作。该气路在小五金自动铆接机、连续折弯机等设备中使用的较多。

（3）注意事项　电源要接正确、电磁阀，行程开关的连线要正确地插到电气控制面板上，使用 PLC 控制单元或继电器控制单元都可以。PLC 控制单元的基本控制功能与继电器控制单元相同。

11. 四缸联动气路的连接练习

（1）气路　四缸联动气路如图 13-15 所示。

（2）所需元件　试验所需元件见表 13-10。

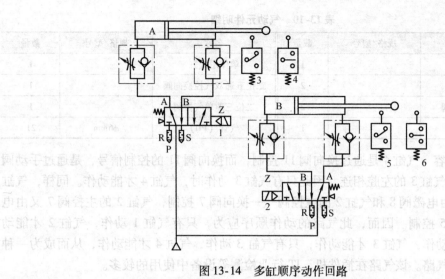

图 13-14　多缸顺序动作回路

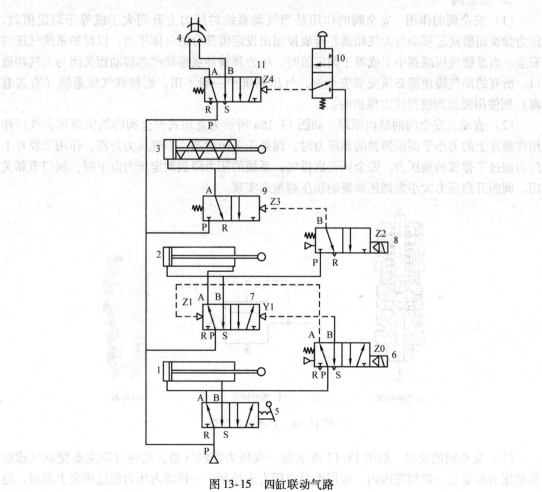

图 13-15　四缸联动气路

表 13-10　气动元件明细

名称	规格/型号	数量	名称	规格/型号	数量
摆动气缸		1	单作用气缸		1
双作用气缸		2	二位五通双气控换向阀		1
二位五通单气控阀		2	二位三通单气控阀		1
手控换向阀		1	气管（PU）	φ6mm	21

（3）试验内容　气缸 4 是通过换向阀 11 控制，而换向阀 11 的控制信号，是通过手动阀 10 和换向阀 9 与气缸 3 的左腔相连，因此只有气缸 3 动作时，气缸 4 才能动作。同样，气缸 3 的主控阀 9 又由电磁阀 8 和气缸 2 的主控阀——换向阀 7 控制，气缸 2 的主控阀 7 又由电磁阀 6 和手控阀 5 控制。因而，此气路的动作顺序应为，只有气缸 1 动作，气缸 2 才能动作，只有气缸 2 动作，气缸 3 才能动作，只有气缸 3 动作，气缸 4 才能动作，从而成为一种相互联续的动作气路。该气路在插件机、IT 行业检测等设备中使用的较多。

12. 安全阀

（1）安全阀的作用　安全阀的作用是当气动系统的压力上升到大于或等于调定值时，压力弹簧屈服阀芯移动与大气相通并释放掉超出设定值部分的气体压力，以保护系统气压的安全。当系统气压减到小于或等于调定值时，压力弹簧伸展推动阀芯移动而关闭与大气相通口。所有的储气罐顶部必须安装安全阀，气压系统中一般不用，而特殊气压系统（有害有毒）则使用溢流阀进行压力保护的。

（2）直动式安全阀的结构原理　如图 13-16a 所示为直动式安全阀的结构原理，气压作用在膜片上的力小于调压弹簧的预压力时，阀处于关闭状态。当气压力升高，作用于膜片上的力超过了弹簧的预压力，安全阀开启排气，系统的压力降到调定压力以下时，阀门重新关闭。阀的开启压力大小靠调压弹簧的预压缩量来实现。

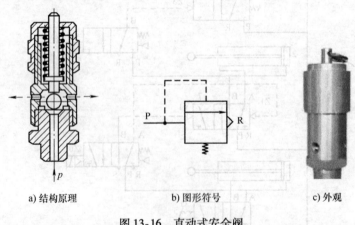

a) 结构原理　　　　b) 图形符号　　　　c) 外观

图 13-16　直动式安全阀

（3）安全阀的应用　如图 13-17 所示为一次压力控制气路，这种气路主要使储气罐输出的压力稳定在一定的范围内。常用电触点压力表控制，一旦罐内压力超过规定上限时，电触点压力表内的指针碰到上触点，即控制中间继电器断电，电动机停转，空压机停止运转，压力不再上升。当储气罐中压力下降到预定下限时，指针碰到下触点，使中间继电器通电，电动机起动带动空压机工作，向储气罐供气。当电触点压力表或电路发生故障而失灵时，压缩机不能停止运转使储气罐压力不断上升，在超过设定上限时，安全阀就开启释放，从而起到安全保护作用。这是一个典型的小型的空压机系统。

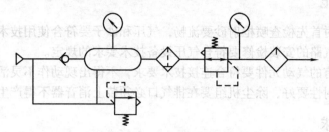

图 13-17　一次压力控制气路

学习活动 3　制订工作计划

1）根据喷砂机故障检修任务要求，制定小组工作计划，并对小组成员进行分工。

2）LM-920 型喷砂机检修任务的工具准备计划参考表 9-6 的内容进行。

3）LM-920 型喷砂机任务所用的气动元件计划参考表 9-7 的内容进行。

学习活动 4　任 务 实 施

一、LM-920 型喷砂机检修的准备内容

1）工作环境的准备：是现场检修还是运回机修厂检修，检修的场地要足够。

2）技术资料的准备：手中的相关资料是否齐全。

3）工具、设备的准备。

4）材料、仪器的准备。

二、安装工艺要求

1. 减压阀的安装

1）其规格型号、功能应与技术要求相符。

2）应经过试压合格后进行安装。

2. 检查

1）检查数量：100% 检查。

2）检查方法：查验合格证。

3. 标识

减压阀气流方向应与气路要求一致。

4. 顺序阀的安装

连接要求与上相同。

5. 安全阀的安装

连接要求与上相同。

三、技术规范

1）安装维修时首先检查喷枪射砂要流畅，气压和砂子要符合使用技术规定。

2）减压阀与气路的安装检修要符合气压设备技术要求的规定。

3）喷砂机所有的气动元件要符合连接技术要求，不得出现动作不灵活等现象。

4）喷砂舱密封性要好，除尘机组要在排气口必须装上消音器不得产生有害噪声。

四、安全要求

1）喷砂机的储砂舱、压力表、电磁阀要定期校验。

2）除尘机组定时排放灰尘，过滤器每月应检查一次。

3）检查喷砂机管路及喷砂机门是否密封。工作前5min，必须开动除尘设备，除尘设备失效时，禁止喷砂机工作。

4）工作前必须穿戴好防护用品，不准裸臂、赤面操作喷砂机。

5）喷砂机开关阀要缓慢打开，气压不准超过1.0MPa。

6）喷砂粒度、材质应与工作要求相适应，砂子应保持干燥。

7）不经培训严禁操作喷砂机。

8）检修、调整、保养等工作应停机进行。

五、故障现象

LM－920型喷砂机出现产品喷砂效果不好的现象。

六、故障分析

1. 判断故障性质

判定喷砂机喷砂产品效果不好的性质与严重程度。

2. 故障的因果关系

对磨削不到位并且效果不好的现象的因果关系，进行深入的分析与探讨，弄清问题产生的根源。

3. 故障点

查找系统失效元件及失效位置。

4. 因素

磨削不到位并且效果不好的现象是哪些因素（外在、内在）对设备工艺性能产生影响？

5. 对策

故障原因和处理对策见表13-11。

表13-11　故障原因和处理对策

故障现象	可能原因	排除故障方法
喷砂效果不好	气压不稳 减压阀失灵	通过减压阀旋钮来调节压力，如果还达不到要求，更换减压阀更换新减压阀
	喷砂舱门密封不好	更换喷砂舱门的密封条

七、减压阀的故障原因及处理对策

减压阀的故障原因及处理对策见表 13-12。

表 13-12　故障原因及处理对策

故　　障	原　　因	对　　策
出口压力上升	阀的弹簧损坏折断 阀体中阀座部分损伤 阀座部分被异物划伤 阀体的滑动部分有异物	更换弹簧 更换阀体 清洗、检查进口处过滤件 清洗、检查进口处过滤件
外部漏气	膜片破损 减压阀座损伤 由出口处进入背压空气 密封垫片损伤 手轮止动螺母松动	更换膜片 更换减压阀座 出口处的装置及气路检查 更换密封件 拧紧
压降太大	阀的口径过小 阀内有异物堆积	换用大口径的阀 清扫、检查过滤器
拧动手轮但不能减压	减压阀溢流孔堵塞 使用了非溢流式	清扫、检查过滤器 更换使用溢流式或在出口处装设排压阀
阀门异常振动	弹簧位置安装不正	调整安装位置正常
无法调节压力	调节弹簧折断	调换新的调节弹簧

学习活动 5　总结与评价

参照表 1-5 进行综合评价。

 课后思考

（一）填空题

1. 手动喷砂机是用于对金属_____、非金属_____、超大型管道内壁焊口应力消除及外表面工艺处理等工作内容的设备之一。

2. LM – 920 型干喷砂机气动系统的组成：由三个系统组成，即_____系统、_____系统、_____系统。

3. 不能正常工作的干喷砂机出现产品喷砂处理_____不好的现象。

4. 以吸入式干喷砂机为例进行原理讲解喷砂机以_____为动力，通过气流的作用使介质高速运动在喷枪内形成_____压，将磨料通过输砂管吸入喷枪并经喷嘴射出，射向被_____表面，达到预期加工目的。

5. 压力控制阀的分类：_____压阀、增压阀、_____阀、_____阀、溢流阀等。

6. 减压阀也称为调压阀，分为_____式调压阀、_____式调压阀两类。

7. 先导式调压阀可分为_____控先导式调压阀和_____控先导式调压阀两种。

8. 减压阀是调整气压系统_____的控制元件，其主要是作为气路中的_____减压元件。

9. 型号规格为 AR2000 _____式减压阀。

10. 顺序阀是一种_____压力控制元件。

11. 顺序阀 KPSA－8 型号中 K 代表_____ P 代表_____ SP 代表_____ 8 代表_____。

12. 顺序阀的功能应用顺序阀的基本功能是控制多个执行元件的_____动作。

（二）判断题

（　　）1. LM－920 型干喷砂机工作效果的调整不通过调整气压阀就能实现。

（　　）2. 在吸入式干喷砂机中，压缩空气不是供料动力却是射流的加速动力。

（　　）3. 压力控制阀包括减压阀、换向阀、顺序阀、安全阀、溢流阀等。

（　　）4. 减压阀包括摆动式调压阀、疏导式调压阀两类。

（　　）5. 减压阀中先导式调压阀又分为电控先导式调压阀和声控先导式调压阀两种。

（　　）6. 减压阀是调整气压系统扭力的控制元件。

（　　）7. 减压阀主要是作为气路中的多次减压元件使用。

（　　）8. 型号规格为 AR2000 先导式减压阀。

（　　）9. 顺序阀是一种多向压力控制元件。

（　　）10. 顺序阀的基本功能是控制一个执行元件的顺序动作。

（三）选择题

1. 喷砂机使用前先检查箱内砂的储量，加砂量不能高于容积的（　　）。

A. 2/3　　　　　　　　　B. 1/3　　　　　　　　　C. 1/2

2. 喷砂机砂的材质是玻璃珠，特征为白色，粒度为（　　），而且要干燥，清洁，受潮后的砂流动性不好故不能使用，不然会影响喷砂效果。

A. 180～250 号　　　　　B. 1280～150 号　　　　C. 250～300 号

3. 压力控制阀的分类：包括（　　）阀、增压阀、顺序阀、安全阀、溢流阀等。

A. 减压　　　　　　　　　B. 真空　　　　　　　　　C. 单向

4. 顺序阀是气动（　　）控制气路中常用的元件之一。

A. 压力　　　　　　　　　B. 动力　　　　　　　　　C. 浮力

5. 直动式安全阀的结构原理，气压作用在（　　）的力小于调压弹簧的预压力时，阀处于关闭状态。

A. 膜片　　　　　　　　　B. 阀片　　　　　　　　　C. 薄片

学习任务十四

流体灌装机气路的检修

学习目标：

1. 能掌握气动流体灌装机的工作原理。
2. 能掌握流量控制阀的工作原理及其结构组成。
3. 能根据动作要求设计并能连接相应的气动回路。
4. 能根据灌装机的故障现象分析故障原因，确定故障位置，并实施修复。

工作情景描述：

　　双头流体灌装机是用于食品、药品、调味品等行业进行瓶装、罐装、袋装、管装等产品进行灌装的气动设备之一，只要是流体、半流体灌装都可以使用，有广阔的应用前景。由于这些产品的安全、环保等特殊的灌装要求发展了灌装机械的新理念，使气动设备填补了新的发展空间。其应用于医药、日化、食品、农药及特殊行业，该机为全气动控制是不带电状态下工作，安全性好。当出现灌装计量不稳定的故障时，需要分析故障，排除故障。SY－1000ML 气动混合流体灌装机的外观如图 14-1 所示。

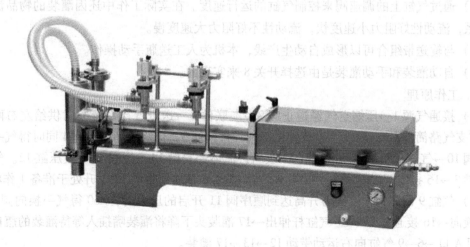

图 14-1　SY－1000ML 气动混合流体灌装机的外观

学习活动 1 明确工作任务

检修 SY - 1000ML 气动流体灌装机，该机出现了灌装计量不稳定的故障，我们对其气路进行检修，要完成该任务需掌握哪些技能、做哪些准备工作、采取哪些技术措施、安全措施、操作规程、验收的依据。

学习活动 2 学习相关知识

◆ **引导问题**

1. SY - 1000ML 气动混合流体灌装机气动系统的组成怎样？
2. 流量控制阀按用途是如何进行分类的？
3. 节流阀的图形符号和应用如何？
4. 排气节流阀的图形符号和应用如何？
5. 快速排气阀的图形符号和应用如何？

◆ **咨询资料**

一、气动混合流体灌装机工作原理

1. 控制方式

1）如图 14-2 所示双头灌装机，可同时灌装，也可以单头交替灌装，灌装量的调节是用机械限位机构来控制的。由手摇轮看标度线，顺时针摇为增量，逆时针摇为减量。

2）采用气－液联动缸进行灌装。气缸带动液缸运动实现吸料和排料进行灌装。

3）通过气缸上的调速阀来控制气缸的运行速度。在实际工作中还因灌装的物品流动性有关系，流动性好阻力小速度快，流动性不好阻力大速度慢。

4）与输送带组合可以形成自动生产线，本机为人工送瓶手动操作。

5）自动灌装和手动灌装是由选择开关 8 来实现的。

2. 工作原理

1）接通气源 1→压缩空气经逆止阀 2→二联件 3→送进气压系统同时供给左右两气缸（左缸支气路简称左支路），→左支路的双气控换向阀 5、16、手动换向阀 4 同时得气→单向节流阀 10→气缸 9 左移带动液压缸 12 吸料，流体经料槽 14→梭阀 13→液压缸 12。气源经二联件 3→16 换向阀 Yb0 得气→罐装头气缸 15 活塞杆缩回带动 17 上升处于准备工作状态。

2）气缸 9 回缩到左端压力升高达到顺序阀 11 开启的压力时，Zb0 得气→换向阀 5、16 同时换向→16 接通 A 口→15 气缸杆伸出→17 灌装头下降将灌装嘴插入等待灌装的瓶口中→5 接通 A 口→6→9 气缸向右运动带动 12→13→17 灌装。

3）调机时按下手动换向阀 4，灌装机只完成一个吸料、灌装的循环工作。

4）调整完毕将选择开关 8 按下灌装机就连续灌装。

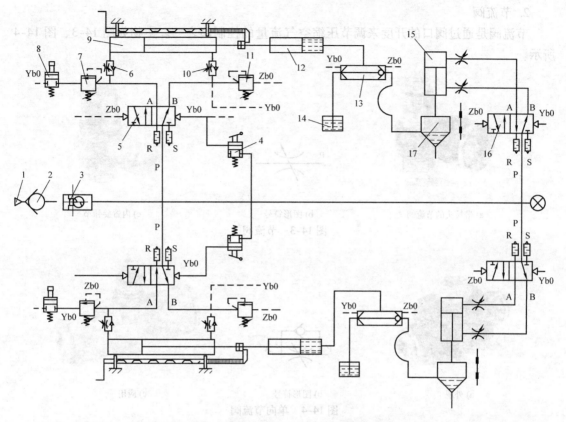

图 14-2 SY-1000ML气动混合流体灌装机的工作原理

1—气源 2—逆止阀 3—二联件 4—2/2 手动换向阀 5、16—5/2 双气控换向阀 6、10—单向节流阀 7、11—顺序阀 8—2/2 选择开关 9、12—气液联动缸 13—梭阀 14—料槽 15—灌装头气缸 17—灌装头

5）右支路与左支路动作顺序相同。

二、SY-1000ML 气动流体灌装机气动系统的组成

（1）气源装置 气源1、逆止阀2、二联件3。

（2）控制元件 2/2 手动换向阀4、5/2 双气控换向阀5、16、单向节流阀6、10、顺序阀7、11、2/2 选择开关8、梭阀13。

（3）执行元件 灌装头气缸15、气液联动缸9、12。

（4）辅助元件 料槽14、机械定位装置、气管、管接件等。

（5）工作介质 压缩空气。

三、流量控制阀及拓展内容

1. 流量控制阀

在气压系统中有时要根据工作要求控制气缸的运动速度，或者控制换向阀的切换速度，或者气压传递信号的传递速度等，这些是通过调节流量阀的开口大小来实现控制压缩空气流量的。它们是流量控制元件，按用途可分为节流阀、排气节流阀、快速排气阀等。

2. 节流阀

节流阀是通过阀口的开度来调节压缩空气流量的控制阀之一。实物如图 14-3、图 14-4 所示。

a) 带接头的节流阀   b) 图形符号   c) 内置旋钮节

图 14-3   节流阀

a) 外观   b) 图形符号   c) 应用

图 14-4   单向节流阀

3. 主要技术参数

主要技术参数见表 14-1。

表 14-1   主要技术参数

名称	规格/型号	名称	规格/型号
公称通径	6mm	流量	230L/min
工作压力	0.05～0.80MPa	接管螺纹	G1/8in
工作温度	5～60℃		

4. 单作用气缸调速气路连接的练习

(1) 所需元件   如图 14-5 所示，单作用气缸、单向节流阀、3/2 单气控换向阀。

(2) 试验内容   由两个单向节流阀分别控制活塞杆伸缩速度的调速气路。

(3) 注意事项   其气控信号由单气控换向阀控制，也可以选用手控换向阀。

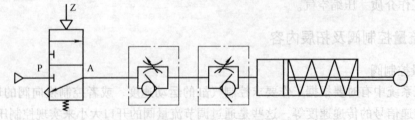

图 14-5   单作用气缸调速气路

5. 排气节流阀

1）排气节流阀属于环保型流量控制元件，它带有消音功能，经常用在有噪声 dB 值要求较低的环境中，它安装在气动执行元件的排气口处。实物如图 14-6a 所示。

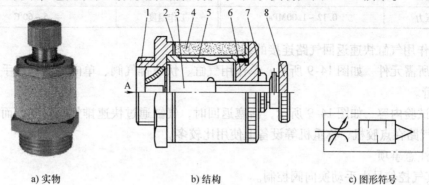

a) 实物　　　　　　　　b) 结构　　　　　　　　c) 图形符号

图 14-6　消音节流阀

1—阀　座　2—垫圈　3—阀芯　4—消声套　5—阀套　6—锁紧法兰　7—锁紧螺母　8—旋钮

2）几款常见的带消音功能的排气节流阀，如图 14-7 所示。

图 14-7　常见的几款消音节流阀

6. 快速排气阀

1）快速排气阀主要用于将气缸等执行元件中的气体直接排入大气，从而减少气缸的背压，加快气缸的动作速度，如图 14-8 所示。它常设置在气缸和换向阀之间，使气缸排气腔中的气体不通过换向阀而由快速排气阀直接排出，对于远距离控制而又有速度要求的气路，选用快速排气阀最为适合。快速排气阀应配置在需要快速排气的气动执行元件附近。

2）接管时应注意，P 为进气口，R 为排气口。

3）主要技术参数：见表 14-2。

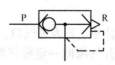

a) 外观　　　　　　　　　　b) 图形符号

图 14-8　快速排气阀

表 14-2　主要技术参数

名称	规格/型号	名称	规格/型号
公称通径	8mm	有效截面积	$P-A \geqslant 20mm^2$　$A-0 \geqslant 40mm^2$
工作压力	$0.12 \sim 1.00MPa$	工作温度	$5 \sim 60℃$

7. 单作用气缸快速返回气路连接的练习

（1）所需元件　如图 14-9 所示，单作用气缸、快速排气阀、单向节流阀、手动换向阀和 $\phi6$PU 管。

（2）试验内容　如图 14-9 所示，活塞返回时，气缸通过快速排气阀排气，而不通过节流阀。该气路在点胶机、称重机等设备上使用比较多。

（3）注意事项

1）其气控信号由手动换向阀控制。

2）试验时，所加气压信号或气压源的压力不要过大，以 $0.4 \sim 0.7MPa$ 为宜。

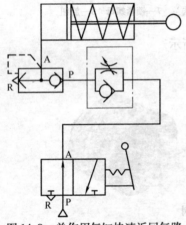

图 14-9　单作用气缸快速返回气路

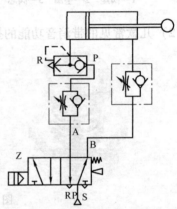

图 14-10　快速排气阀的应用气路

8. 快速排气阀的应用气路的连接练习

（1）所需元件　如图 14-10 所示，双作用气缸、单向节流阀、快速排气阀、二位五通单电磁换向阀和 $\phi6$PU 管。

（2）试验内容　快速排气阀主要应用于将气缸等执行元件中的气体直接排入大气，从而减少气缸的背压，加快气缸缩回动作速度。它常设置在气缸和换向阀之间，使气缸排气腔中的气体不通过换向阀而由快速排气阀直接排出，对于远距离控制而又有速度要求的气路，选用快速排气阀最为适合。快速排气阀应配置在需要快速排气的气动执行元件附近。该气路可以实现气缸伸出和缩回有慢有快的工况，在数控机床的自动门、换刀装置、自动磨刀机等设备中使用比较多。

（3）注意事项

1）连接管时应注意，P 为进气口，A 为工作口，R 为排气口。

2）试验时，打开气源前一定要仔细检查气路，确保实验气路的连接正确。

3）因所配置气缸的进、出气孔均已安装了单向节流阀，实验时，调整节流阀，可使气缸动作较平缓，现象明显，同时，在没有用到节流阀调速的气路中，只需将节流阀旋钮完全打开，即可消除调节作用。

9. 双作用气缸单向调速气路的连接练习

（1）所需元件　如图 14-11 所示，双作用气缸、单向节流阀、双气控换向阀和手动换向阀。

（2）试验内容　如图 14-11a 所示为调节气缸缩回速度，即为气缸的快进—慢退动作；而图 14-11b 则相反，为调节气缸伸出速度，即为气缸的慢进—快退动作。只要是有快慢工况要求的都可以使用该气路，在实际应用中往往是气缸的进气口、排气口均装了单向节流阀，根据需要进行调节。

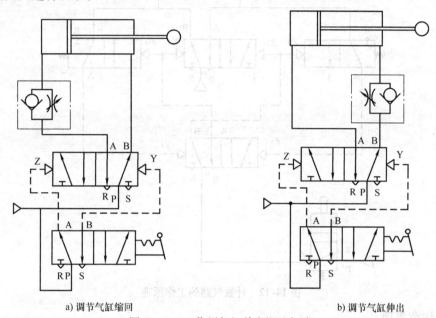

a) 调节气缸缩回　　　　　　　　　　　　b) 调节气缸伸出

图 14-11　双作用气缸单向调速气路

（3）注意事项

1）因图 14-11a 所配置气缸的无杆腔进气孔安装了单向节流阀，试验时，调整节流阀，可使气缸缩回运行较为平缓。同理图 14-11b，在气缸有杆腔排气孔安装了单向节流阀可使活塞杆伸出时运行较为平缓，在没有用到节流阀调速的气路中，只需将节流阀旋钮完全打开，即可消除调节作用。

2）试验气路，均为排气节流阀调速，只要相应的改变单向节流阀的方向，即变为进气节流调速气路。

10. 计数气路连接练习

（1）所需元件　双作用气缸、二位五通单气控换向阀、二位五通双气控换向阀、手控行程阀和 φ6PU 管。

（2）试验内容　如图 14-12 所示，由气动逻辑元件可以组成二进制计数气路。在图 14-12 所示气路中，按下阀 1 按钮，则气管信号经阀 2 至阀 4 的左或右控制端使气缸推出或退回。阀 4 换向位置取决于阀 2 的位置，而阀 2 的换向位置又取决于阀 3 和阀 5。设按下阀 1 时，气信号阀 2 至阀 4 的左端使阀 4 换至左位，同时使阀 5 切断气路，此时气缸向外伸出，当阀 1 复位后，原通入阀 4 左控制端的气信号经阀 1 排空，阀 5 复位，于是气缸无杆腔的气经阀 5 至阀 2 左端，使阀 2 换至左位等待阀 1 的下一次信号输入。当阀 1 第二次按下后，气信号经阀2的左位至阀4右控制端使阀4换至右位,气缸退回,同时阀3将气路切断。待阀1复位后,阀4右控制信号经阀2、阀1排空,阀3复位并将气导致阀2右端使其换至右位,又等待阀1下一次信号输入。这样,第1、3、5⋯次(奇数)按压阀1,则气缸伸出。第2、4、6⋯次(偶数)按压阀1,则使气缸退回。

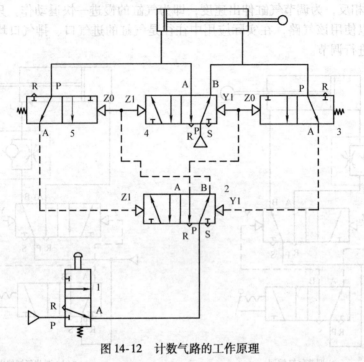

图14-12　计数气路的工作原理

（3）注意事项

1）气控二位三通是由相应的二位五通阀通过变换得到（用气管塞头堵住气孔 B,即变为二位三通）。

2）因所配置气缸的进、出气孔均已安装了单向节流阀。因而,为实验方便,在没有用到节流阀调速的回路中,只需将节流阀旋钮完全打开,即可使节流阀不起作用。

3）试验时,所加气压信号或气压源的压力不要过大,一般以 0.4MPa 压力为宜。

学习活动3　制订工作计划

1）列出安装所需工具和材料清单。

2）对小组成员进行工作分工。

3）按工艺要求制订施工计划。

学习活动4　任　务　实　施

一、准备工作

（1）工作场地的准备　检修工作要有合适的检修环境,拆散的零部件摆放要有序且不得阻塞运输通道，还要符合安全规程要求。

（2）技术资料的准备　技术资料的准备工作要完善。设备拆卸前查阅相关资料有特殊要求的应作下列项目的记录，并由双方签字，外观、拍摄照片记录、设备名称、型号和规格、设备技术文件、资料，设备有无损坏，表面有无损伤和锈蚀等情况。

（3）检修工具的准备　检修工具及专用工具的准备工作要满足检修的要求。

（4）检测仪器的准　工作要保证功能测试的要求。

二、拆卸工艺要求

（1）拆卸　泄掉系统的压力再进行拆卸，气动元件拆下后要做好检验、验收、储存、保管工作，不得随意堆放，不得损坏其他元器件。

（2）标识　为了方便拆迁和安装复原工作的顺利进行，气动设备拆卸采用统一的标识方法，即数字标位的办法进行，复杂的部位，相应增加字母标识符号。

（3）措施　限位挡块、行程开关、无触点开关，在条件许可的情况下，尽可能不拆下，以减少安装后再调整的工作，必须拆下的，必须严格测定探头的位置与发讯工件（或挡块）的相对位置和距离，标出安装位置，并做好记录，画出草图。

三、安装工艺要求

1. 操作前检查

1）检修工依据《灌装机日常点检表》中规定的点检内容对设备进行日常开机前的点检和检查结果。

2）检修工依据《灌装机日常点检表》中规定的点检内容对设备进行点检和检查，结果填入《灌装机日常点检表》机电点检栏中。

3）检修工依据润滑内容对设备进行必要的润滑，结果填入《灌装机润滑记录表》中。

4）开机前和生产结束后生产现场操作工必须对所管辖的设备进行一次系统的6S工作。

5）维修工检查各管道阀门是否完好，无泄漏。

6）维修工检查各仪表是否完好，气路是否正常。

7）检查各仪表、气路运转部位是否正常。

8）各转动部位无卡阻，紧固部位无松动，运转方向正常，润滑良好。

9）清理灌装机的场地和运输机上的杂物。

10）将已制合格的流体排入灌装机管道冲排直至流体与留样一致，并将冲排流体倒回成品罐。

2. 操作步骤

1）打开气源，起动空气压缩机调节压力为0.6MPa，向灌装机输入压缩空气。

2）手动灌装时调整灌装计量手轮达到剂量要求为止。

3）将选择开关旋到手动，接着按下手动注料按钮，向瓶内灌入设定计量的物料后松开按钮。

4）自动灌装调机正常后，将选择开关旋到自动，灌装机与送瓶机联机使用时依顺序进瓶、出瓶开始批量生产。如果无送瓶机要有专人送瓶。

5）作业要求：灌装过程每30～60min操作工用电子秤，抽检计量是否在允许范围内。

6）每班灌装完成后清理灌装机管道残留物，擦拭干净输送台，填写《重点设备远行记录》。

3. 保养规程

1）日常维护保养：每天班前应擦拭、保持机台内外清洁、无油垢、无脏物；以达到食品卫生的要求。

2）每日班后做好设备清洁工作并做好记录。

四、技术规范

（1）查验规格型号 安装与维修时首先检查设备应有固定铭牌标记。

（2）验收标准 设备安装检修完成后应符合气动设备检验和验收标准。

（3）技术要求 该气动系统所有的气动元件要符合连接技术要求，阀体上应有表示流动方向的标记，设备在交付前必须完全干净，所有的开孔及接口等都必须加堵保护，以免损伤、腐蚀或进入杂质。

（4）降噪要求 灌装机要在末端控制元件排气口必须装上消音器，使工作环境噪声在不大于55dB以下不得产生有害噪声。

五、安全要求

（1）原则 灌装机的检修必须坚持安全第一的原则，不安全不准检修。

（2）组织 多人合作检修现场必须要有组织者、有计划、有顺序、有安全措施方可进行。

（3）措施 试验时全体人员撤离灌装机远离运动部位方可送电、送气。

（4）程序 先空载点检无异常情况，后进行工作连续实验，再进行正常生产。

（5）依据 注意未作规定的按照国家发改委2004年颁发的1951号文件制定企业安全细则执行。

六、故障现象

灌装机灌装时有计量不足灌装计量不稳定的故障现象，比例在5%～10%。

七、故障分析

故障原因和处理对策，见表14-3。

表14-3 故障原因和处理对策

故障现象	可能原因	排除故障方法
灌装计量不足	手轮调节机构磨损，松动或者活塞与缸体间隙过大，或者气压不稳或者气缸窜气	测量手轮调节机构的连接精度，如果间隙不大调整即可，如果间隙过大要更换。观测压力表指示进行调解压力，更换气缸密封
灌装计量不稳定	手轮调节机构的锁紧装置未旋紧或者机构失灵，或者气压不稳	检测手轮调节锁紧机构的固定精度。如果轻微松动旋紧即可，如果机构失灵更换机构。观测压力表指示进行调解压力

学习活动5　总结与评价

参照表1-5进行综合评价。

课后思考

（一）填空题

1. 双头流体灌装机是用于食品、药品、调味品等行业进行_____装、_____装、_____装、_____装等产品进行_____的气动设备之一。

2. 流体灌装机应适用于医药、日化、食品、农药及_____行业。

3. 流体灌装机是对液体和混合流体进行_____的设备。由于不带_____的状态下工作，安全性好，人性化设计更加符合人防工程的要求。

4. SY－1000ML立式气动液体流体灌装机的用途：特殊行业的_____体、_____体、_____体、混合流体、腐蚀性流体等都可选用。

5. SY－1000ML立式气动液体流体灌装机是对_____性流体进行灌装的手动和_____两用设备。

6. SY－1000ML立式气动液体流体灌装机性能特点是：设计合理，物料接触部位均采用316L_____钢材料制成，符合GMP要求。

7. SY－1000ML立式气动液体流体灌装机灌装精度由_____定位来调节灌装精确度高。

8. SY－1000ML立式气动液体流体灌装机灌装量由调节_____控制。

9. SY－1000ML立式气动液体流体灌装机灌装速度通过_____阀可任意调节。

10. SY－1000ML立式气动液体流体灌装机灌装闷头采用防_____漏，防拉丝及升降灌装装置。

（二）判断题

（　　）1. SY－1000ML立式气动液体流体灌装机是对黏性流体进行灌装的全自动设备。

（　　）2. SY－1000ML立式气动液体流体灌装机完全采用电控制，无需电源，特别适用于防爆环境，安全性高。

（　　）3. 排气节流阀属于环保型流量控制元件它不带有消音的功能，经常用在有噪声dB值要求较低的环境中。

（　　）4. 快速排气阀主要用于将气泵等执行元件中的气体直接排入大气，从而减少气缸的背压，加快气缸的动作速度。

（　　）5. 快速排气阀常设置在气缸和行程阀之间，使气缸排气腔的气体不通过换向阀而由快速排气阀直接排出，对于远距离控制而又有速度要求的气路，选用快速排气阀最为适合。

（　　）6. 快速排气阀应配置在需要快速排气的气动执行元件最远处。

（　　）7. 快速排气阀接管时应注意，P为排气口，R为进气口。

（三）选择题

1. SY – 1000ML 立式气动液体流体灌装机用途：特殊行业的液体、膏体、浆体、混合
（　　）体、腐蚀性流体等都可选用。

A. 固　　　　　　　　　B. 气　　　　　　　　　C. 流

2. SY – 1000ML 立式气动液体流体灌装机是对（　　）性流体进行灌装的手动和半自
动两用设备。

A. 硬　　　　　　　　　B. 软　　　　　　　　　C. 粘

3. 节流阀是通过阀口的（　　）度来调节压缩空气流量的流量控制阀之一。

A. 速　　　　　　　　　B. 粒　　　　　　　　　C. 开

4. 快速排气阀主要应用于将气缸等执行元件中的（　　）体直接排入大气，从而减少
气缸的背压，加快气缸缩回速度。

A. 结晶　　　　　　　　B. 液　　　　　　　　　C. 气

附　　录

附录 A　常用液压元件图形符号（GB/T 786.1—2009）

表 A-1　液压泵、液压马达和液压缸

名称		符号	说明	名称		符号	说明
液压泵	液压泵		一般符号	单作用缸	单作用单杆缸		靠弹簧返回
	单向定量液压泵		单向旋转、单向流动、定排量		单作用膜片缸		终端带缓冲
	双向定量液压泵		双向旋转，双向流动，定排量		单作用伸缩缸		
	单向变量液压泵		单向旋转，单向流动，变排量	双作用缸	双作用单杆缸		
	双向变量液压泵		双向旋转，双向流动，变排量		双作用双杆缸		右侧带调节
液压马达	液压马达		一般符号		双作用膜片缸		带限制器
	单向定量液压马达		单向流动，单向旋转		双作用伸缩缸		
	双向定量液压马达		双向流动，双向旋转，定排量	蓄能器	蓄能器		简化符号
	单向变量液压马达		单向流动，单向旋转，变排量	能量源	电动机	Ⓜ	简化符号
能量源	液压源		一般符号				

表A-2 机械控制装置和控制方法

机械控制方法	顶杆式		简化符号	先导压力控制方法	液压先导加压控制		内部压力控制
	滚轮式		简化符号		液压先导加压控制		外部压力控制
人力控制方法	手柄式		简化符号		电-液先导加压控制		液压外部控制，内部泄油

表A-3 压力控制阀

溢流阀	溢流阀		一般符号或直动型溢流阀	减压阀	减压阀		一般符号或直动式减压阀
	先导式溢流阀		简化符号		先导式减压阀		简化符号
	先导式电磁溢流阀		简化符号	顺序阀	顺序阀		一般符号或直动式顺序阀

表A-4 方向控制阀

单向阀	普通单向阀		简化符号（弹簧可省略）	换向阀	二位二通电磁阀		常断
	液控单向阀		简化符号		二位二通电磁阀		常通
	双液控单向阀		简化符号		二位三通电磁阀		简化符号

表A-5 流量控制阀

名称		符号	说明	名称	符号	说明
节流阀	可调节流阀		简化符号	调速阀		简化符号

表A-6 流体调节器

过滤器		一般符号	冷却器		一般符号

表 A-7　检测器、指示器

压力表（计）		简化符号	流量计		简化符号

附录 B　常用气动元件图形符号（GB/T 786.1—2009）

表 B-1　基本符号、管路及连接

名　称	符　号	名　称	符　号
气压源		气压	
工作管路		控制管路	
组合元件框线		柔性管路	
连接管路		交叉管路	
连续放气装置		间断放气装置	
单向放气装置		直接排气口	
带连接排气口		带单向阀快换接头	
不带单向阀快换接头		旋转接头	

表 B-2　控制机构和控制方法

名称	符号	名称	符号
人力控制一般符号		按钮式人力控制	
拉扭式人力控制		按 – 拉式人力控制	
手柄式人力控制		踏板式人力控制	
双向踏板式人力控制		顶杆式机械控制	
可变行程机械控制		弹簧控制	
滚轮机械控制式		单向滚轮式机械控制	
单作用电磁铁		双作用电磁铁	
单作用可调电磁铁		加压或卸压控制	
内部压力控制		外部压力控制	
气压先导控制		气 – 液先导控制	
压差控制		电磁 – 气压先导控制	

表 B-3　空压机、马达和缸

名称	符号	名称	符号
空压机（气泵）		真空泵	
单向定量气马达		摆动气马达	
单向变量气马达		双向变量气马达	
双向定量气马达		气液交换器连续型	
气液转换器单行程型		增压器连续式	
增压器单程作用		磁性无杆气缸	
单作用气缸		活塞杆终端带缓冲的膜片气缸	
双作用单伸出活塞气缸		双作用双伸出活塞气缸	

表 B-4　控制元件

名称	符号	名称	符号
常断型二位二通单电控换向阀		常闭型二位三通单电控换向阀	
二位五通单电控换向阀		单气控二位五通换向阀	
双电控二位五通换向阀		双气控两位五通换向阀	
三位四通换向阀		手控二位五通换向阀	
双气控三位五通换向阀		三位六通换向阀	
旋钮阀		二位三通按钮阀（常通）	
机械式行程开关		位置开关	
行程换向阀		惰轮杆行程阀	
行程开关		简单的气源	
无弹簧单向阀		有弹簧单向阀	
气控单向阀		逻辑阀或门型梭阀	

（续）

名称	符号	名称	符号
逻辑阀与门型梭阀（双压阀/双稳阀）	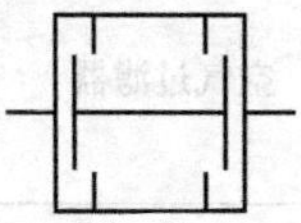	快速排气阀	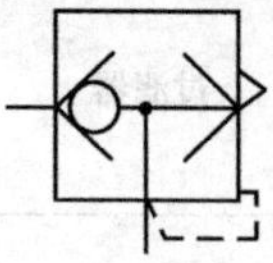
减压阀	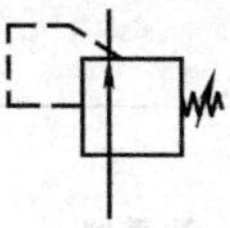	带消声器的节流阀	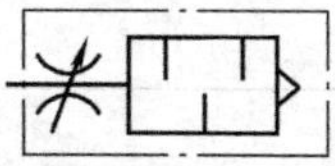
安全阀	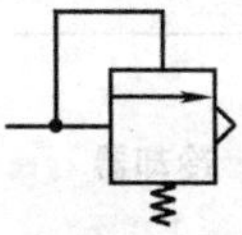	截止阀	
顺序阀	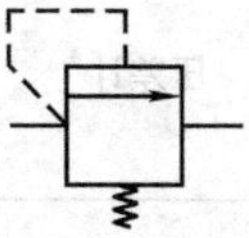	压力顺序阀	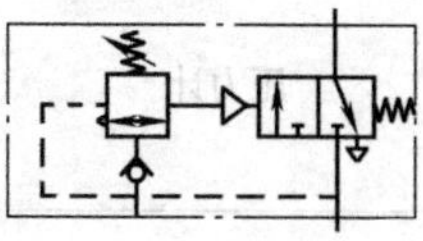
先导式减压阀	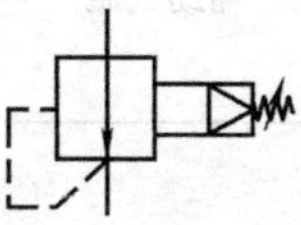	直动式顺序阀	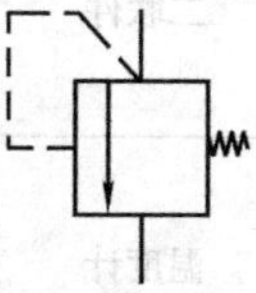
先导式顺序阀	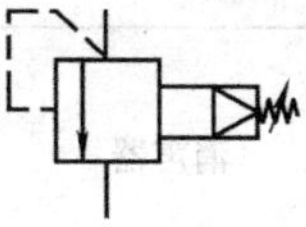	真空阀	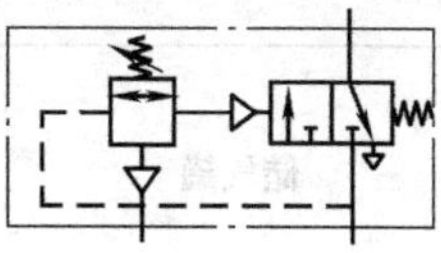
步进模块	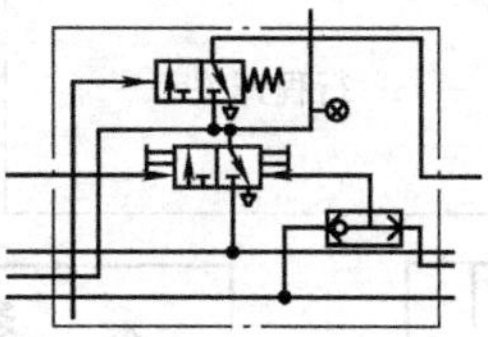	真空发生器	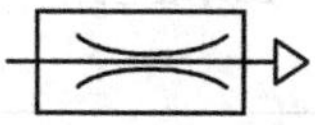
固定式节流阀	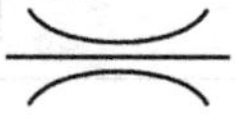	可调节流阀	
调速阀		分流阀	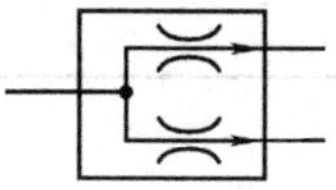

217

表 B-5 辅助元件

名称	符号		名称	符号	
过滤器	粗	精	空气过滤器	粗	精
分水排水器	人工	自动	除油器	人工	自动
空气干燥器			油雾器		
加热器			冷却器		
压力计			压差计		
二联件			辅助气瓶		
温度计			蓄能器		
储气罐			消声器		
压力继电器			行程开关		
气源调节装置/三联件					
报警器					